国家自然科学基金青年基金项目(51704173)
山东省重点研发计划(公益类科技攻关)项目(2019GSF111029)
山东省高等学校科技计划项目(J17KA203)
青岛市博士后应用研究项目

西部浅埋煤层
高强度开采顶板切落机理研究

杨登峰／著

中国矿业大学出版社
·徐州·

内 容 提 要

本书对浅埋煤层高强度开采过程中大面积顶板切落压架灾害发生机理及影响因素,工作面支架-围岩相互作用关系及工作面矿压显现规律等进行了深入研究。全书共分为5章,主要内容包括浅埋煤层开采的研究现状和发展趋势、浅埋煤层开采顶板切落压架机理的突变分析、浅埋煤层顶板切落压架的断裂力学分析、浅埋煤层高强度开采矿压显现规律分析、含主控裂纹顶板切落压架的实验研究等。

本书可供从事煤矿开采方面工作的研究人员、工程技术人员、设计人员和管理人员阅读参考。

图书在版编目(C I P)数据

西部浅埋煤层高强度开采顶板切落机理研究 / 杨登
峰著. — 徐州 : 中国矿业大学出版社,2020.8
ISBN 978 - 7 - 5646 - 4781 - 0

Ⅰ.①西… Ⅱ.①杨… Ⅲ.①薄煤层采煤法—顶板管
理—研究 Ⅳ.①TD823.25
中国版本图书馆 CIP 数据核字(2020)第 138169 号

书 名	西部浅埋煤层高强度开采顶板切落机理研究
著 者	杨登峰
责任编辑	王美柱
出版发行	中国矿业大学出版社有限责任公司
	(江苏省徐州市解放南路 邮编221008)
营销热线	(0516)83884103 83885105
出版服务	(0516)83995789 83884920
网 址	http://www.cumtp.com E-mail:cumtpvip@cumtp.com
印 刷	广东虎彩云印刷有限公司
开 本	787 mm×1092 mm 1/16 印张 8.25 字数 153 千字
版次印次	2020 年 8 月第 1 版 2020 年 8 月第 1 印刷
定 价	45.00 元

(图书出现印装质量问题,本社负责调换)

前　言

我国西部地区富含大量埋深在 50～150 m 的浅埋煤层,其典型特征是埋深浅、基岩薄和上覆松散砂层厚。在煤层开采过程中,工作面顶板往往难以形成稳定的"砌体梁"结构,在大采高、高速推进的高强度开采过程中易出现台阶下沉,常常沿煤壁全厚切落,矿压显现更加强烈且更加复杂。这会导致支架"被压死"或形成涌水溃砂通道,给煤矿安全生产工作带来诸多隐患。如何确保浅埋煤层开采的安全,减少切顶压架事故,是目前煤炭工业发展亟待解决的难题之一。因此,针对浅埋煤层开采过程中的矿压规律进行深入研究,揭示我国西部地区煤炭高强度开采下顶板大范围切落压架机理,分析支架工作阻力的适应性,具有重要的理论和实际意义。

本书的研究内容是作者在多年科学研究成果积累的基础上,综合采用理论分析、数值模拟、物理实验等手段,对浅埋煤层高强度开采大范围切顶来压机理、切顶发生的条件和影响因素、支架-围岩相互作用机理、动静荷载下支架工作阻力的计算方法等方面进行研究所得成果的系统总结。全书共分 5 章,第 1 章介绍了浅埋煤层开采的研究现状及发展趋势,高强度开采的相关理论、研究方法和研究现状,以及急需解决的关键科学问题等,并阐述了本书的主要研究内容。第 2 章主要研究了浅埋煤层开采在周期来压过程中顶板沿煤壁台阶下沉产生切落压架灾害的机理,建立了基本顶-直接顶-支架-架后矸石系统的力学模型,获得了系统突变失稳的充要条件及直接顶岩体的变形突跳量表达式,分析了系统失稳的主要影响因素;另外,应用岩石动力学相关分析方法,推导了系统失稳前静荷载和失稳后冲击动荷载作用下的支架压缩量表达式,获得了切顶过程中支架荷载的计算式,分析了支架荷载的主要影响因素。第 3 章重点研究建立了含中心斜裂纹的基本顶岩梁破断的力学模型,推导了基本顶岩梁的应力强度因子表达式及基本顶周期来压步距和支架工作阻力计算式,分析了裂纹倾角对应力强度因子的影响作用及基本顶周期来压步距的主要影响因素,揭示了顶板切落压架的内在机理;应用薄板理论建立了裂纹板力学模型;采用断裂力学和弹塑性力学理论简要分析了长壁工作面的顶板垮落及来压特征;结合工程实例,计算了支架工作阻力的合理值。第4章结合实际工程采用 UDEC 数值模拟软件建立数值模型,对工作面在不同推进速度和采高条件下的顶板矿压显现规律进行了对比分析;分别研究了高强度开采条件下的顶板来压特征、支承压力特征、顶板位移特征、"砌体梁-悬臂梁"来压特征等内容。第5章针对实际工程中含主控裂纹顶板在工作面推进过程中裂纹的扩展规律进行了相似材料模拟实验研究,对顶板支承压力、裂纹应力、支架工作阻力和采场位移的采动效应进行了监测,观测到了顶板主控裂纹活化扩展和顶板切落失稳的一般过程,获得了高强度开采条件下裂纹活化诱发大规模顶板切落的动态过程中的矿压显现以及支架工作阻力变化规律,分析了裂纹扩展的主要影响因素。

博士研究生陈庆丰、席婧仪、朱帝杰、张凌凡等参与了部分研究内容的理论分析、实验研究和文字整理工作,在此表示感谢。

由于笔者水平所限,书中难免存在一些缺点和不足之处,恳求专家、学者批评和赐教。

著　者
2020 年春于青岛

目　录

第1章 绪 论

1.1 研究背景和意义

当前我国以煤炭作为主要能源,煤炭在能源消费中所占的比例为近60％。今后随着可再生能源和进口能源使用量的增加,我国能源消费中煤炭所占的比例会逐年下降,但煤炭作为主要能源其使用量仍会逐年上升,煤炭依然是我国最重要的一次能源。近年来,我国东部各主要矿区的煤炭资源量逐渐减少,煤炭开发的重心已经向西部地区的晋、陕、内蒙古、宁、甘等地转移。《全国矿产资源规则(2016—2020 年)》提出重点建设的 14 个大型煤炭基地(162 个国家规划煤炭矿区)大部分集中在水土流失严重、生态环境又非常脆弱的晋、陕、内蒙古、宁、甘地区。因此,西部煤炭的开发在我国能源发展中处于非常重要的地位。

近年来,具有一次采出煤层厚度大、工作面尺寸大、工作面推进速度快等特征的高强度开采技术在西部煤炭开采中得到广泛的推广应用。神东矿区的综采工作面最大采高已经达到8.6 m,最大工作面宽度达到了 450 m,最大工作面连续推进长度已经超过 6 000 m,工作面最快推进速度已经超过 20 m/d,且工作面支架的阻力水平也逐年攀升,支架额定工作阻力达到了 26 000 kN、支护强度达到了 1.71～1.83 MPa 的国际领先水平,经济效益非常显著。然而就是在这种先进的生产技术和简单的地质条件下,开采过程中依然发生了多起压架事故,对工作人员和生产设备造成了严重的威胁。

由于西部地区煤层具有埋深浅、基岩薄和上覆松散砂层厚[1]的典型特征,在高强度开采条件下煤层顶板往往难以形成稳定的"砌体梁"结构。虽然浅埋煤层开采工作面埋深浅、采动支承压力小,但其矿压显现更加强烈且更加复杂[2],在开采过程中煤层顶板容易出现台阶下沉现象,表现为破坏区域直达地表的全厚切落,从而造成大范围的顶板切落压架和台阶下沉现象(见图 1-1)。顶板岩层破坏所形成的裂隙通道会导致突水或突水溃砂,地下水的流失又进一步造成地表植被死亡、草地沙漠化等生态环境问题,更为严重的是这些地质灾害和环境损害会相互影响而导致重特大灾害。

(a)   (b)

图 1-1   顶板切落压架和台阶下沉

神东矿区仅大柳塔煤矿在 2011 年就发生了 3 次严重的工作面大范围切顶压架事故,严重影响了矿井安全高效开采,造成直接经济损失 6 000 多万元人民币。我国西部大多是干旱半干旱的水资源匮乏地区,每年的平均降水量不到 400 mm,干旱缺水使生态环境极易受到破坏。生态环境在大规模高强度煤炭开采后的主要表现为:地下水位下降,河湖萎缩;天然植被枯死,自然生态系统退化;水土流失严重,土地荒漠化加剧。我国西部水资源量仅占全国的 1.6%,水资源与生态环境相互作用、互相影响,生态环境十分脆弱,已成为制约西部干旱半干旱地区煤炭可持续开发的重大因素。

我国西部煤炭资源高强度开采诱发的地质灾害和环境损伤严重制约了西部经济的可持续发展,加剧了生态环境的恶化现象。为此,《国家中长期科学和技术发展规划纲要(2006—2020)》将"重点研究开发矿井瓦斯、突水、动力性灾害预警与防控技术"列为"重大生产事故预警与救援"的优先主题。《国务院关于促进煤炭工业健康发展的若干意见》(国发〔2005〕18 号)明确提出,要"走资源利用率高、安全有保障、经济效益好、环境污染少和可持续的煤炭工业发展道路"。《国家能源科技"十二五"规划(2011—2015)》中,将"煤矿灾害综合防治技术"列为优先发展的关键技术,并在《煤炭工业发展"十二五"规划》中将

"基本建成资源利用率高、安全有保障、经济效益好、环境污染少和可持续发展的新型煤炭工业体系"作为发展目标。

针对我国西部特殊的脆弱生态环境和高强度开采特点,开展西部煤炭高强度开采下的地质灾害防治与环境保护基础研究,对有效遏制顶板切落、矿井突水溃砂等灾害事故,最大限度地降低煤炭开采对生态环境的扰动和破坏,具有重大的科学意义。因此,掌握西部煤炭高强度开采下工作面矿压显现规律、顶板大面积切落压架灾害发生机理及影响因素、支架与围岩相互作用关系、支架工作阻力的确定方法、围岩的有效控制方法,具有重大的科研与工程意义,同时也是目前急需解决的重大问题。

本书综合运用地质调查、现场监测、理论分析、相似材料模拟实验和数值模拟等多种方法,开展系统的研究,以揭示西部浅埋煤层在高强度开采下顶板大面积切落灾害的发生机理、前兆特征和影响因素,研究顶板大范围切落过程中的支架与围岩的相互作用关系,从而为工作面围岩控制、液压支架的选型和设计提供理论依据,这对实现西部浅埋煤层的安全高效开采具有重要的意义。

1.2　国内外研究现状

在我国西部地区广泛分布着浅埋深的侏罗纪煤田,主要包括神府东胜煤田、陕北榆神煤田、宁夏灵武煤田、新疆吐哈煤田等[3]。这些煤田因为埋藏浅、储量大、煤层厚、煤质优良而受到广泛关注,但是由于此类煤层的基岩较薄、上覆松散砂层厚,在大规模开采过程中,存在着严重的地质灾害问题,常常出现剧烈的矿压现象,从而造成一系列的采动损害,如顶板的台阶下沉、工作面突水溃砂甚至是压坏支架。因此,急需深入研究此类工程地质条件下灾害的发生机理和防治方法。为此,国内外众多学者从不同角度对其进行了深入研究和探索,主要围绕浅埋煤层条件下的采动矿压规律、覆岩结构及运动形式、顶板控制方法、突水溃砂的发生机理及防治办法和巷道布置等方面进行,取得了较大的进展和成绩。

1.2.1　国外对浅埋煤层开采的研究

与国内相比,国外的大型浅埋煤田赋存并不多,较为典型的是莫斯科近郊煤田和美国的阿巴拉契亚煤田,此外,澳大利亚和印度也开采了大量的浅埋煤层。国外学者在浅埋煤层开采中的顶板控制和矿压规律等方面进行了相关的研究。其中,较早的有苏联的 M.秦巴列维奇提出的台阶下沉假说[4],该假说将浅埋煤层的上覆岩层视为均质岩层,在工作面推进过程中,顶板会以斜六面体的形式沿煤壁垮落直至地表,支架需要支承上覆岩层的整体作用力。苏联的 B.B.布德雷克研究了莫斯科近郊煤田的矿压现象后指出:在埋深 100 m 并存在厚黏土层的条件下,放顶时支架会出现明显的动载现象,有大约 12% 的采区煤柱出现动载现象[5]。研究结果表明,浅埋煤层工作面推进过程中顶板来压强度较大,与常规煤层的顶板来压特征具有明显区别。澳大利亚学者 L.Holla 等[6-7]实测得出浅埋煤层的顶板垮落高度为采高的 9 倍,顶板破断角较普通煤层大,地表下沉快。20 世纪 80 年代初期,澳大利亚的 B.霍勒尔瓦依特等在新南威尔士安谷斯·坡来斯煤矿对浅埋煤层长壁工作面开采时的矿压显现特征进行了实测,研究结果表明地表的最大下沉量达到了工作面采高的 60%[8]。印度江斯拉矿 R-Ⅶ煤层综采工作面开采实践表明[9-11],工作面上覆岩层垮落带与裂缝带交叉,形成周期性断裂,步距较短,裂隙密集。英、美等国大多采用房柱式开采方法,以有效控制浅埋煤层开采的剧烈矿压显现和较大地表沉陷[12-13]。

综上可知,国外的研究成果总体上认为浅埋煤层开采顶板破断波及地表、顶板破断角较大、地表下沉速度快、来压迅猛而难以控制。然而,并没有对浅埋煤层顶板破断机理及"支架-围岩"作用关系进行深入研究。

1.2.2　国内对浅埋煤层开采的研究

我国对浅埋煤层开采矿压理论的研究,开始于神东矿区浅埋煤层的大规模开发,1991 年对大柳塔煤矿 C202 工作面的现场观测及之后对 1203 综采工作面的相似模拟和数值分析,揭示了浅埋煤层开采矿压显现的一般特征。我国西部浅埋煤层的大规模开采,极大地推动了国内学者对浅埋煤层矿压机理的理论研究进展。下面结合理论研究、现场实测和实验研究、顶板切落灾害研究三个方面的成果对国内相关的研究现状进行阐述。

（1）浅埋煤层岩层控制理论研究

20 世纪 90 年代初,西安科技大学的石平五和侯忠杰教授承担国内第一项浅埋煤层顶板岩层控制方面的国家自然科学基金项目,他们的研究成果对浅埋煤层顶板的破断运动规律作出了很好的解释,指出顶板控制的要点是支架保持一定的初撑力和采空区拥有一定的充填状态,并进一步分析了基岩厚度、采高、推进速度对顶板破断的影响[14-15]。之后侯忠杰教授等[1,16]通过理论分析建立了浅埋煤层开采初次来压和周期来压的力学分析模型,其研究成果指出浅埋煤层基本顶破断形式为拉破坏,基本顶破断后又进一步造成了直接顶的剪切破坏,并给出了顶板形成拉、剪破坏的基本力学条件,推导了控制顶板台阶下沉的支护强度计算公式。

黄庆享教授深入分析了浅埋煤层开采过程中矿压显现的基本特征,并揭示了典型浅埋煤层顶板台阶下沉和强烈来压的"关键层非稳定结构滑落失稳"机理[17]。之后他又建立了浅埋煤层顶板控制的理论框架,应用顶板结构理论进行了顶板控制的定量化分析;揭示了浅埋煤层采场矿压显现规律;提出了浅埋煤层周期来压的"短砌体梁"结构和"台阶岩梁"模型。2002年,黄庆享教授根据大量浅埋煤层工作面矿压实测分析资料,得到了浅埋煤层矿压显现的基本特征,提出了以关键层、基载比和埋深为基本指标的浅埋煤层的定义,并将浅埋煤层分为典型的浅埋煤层和近浅埋煤层两种类型[18]。2002年之后,黄庆享教授团队通过深入研究,揭示了浅埋煤层开采过程中上覆厚砂土层的破坏规律,以及破坏过程中的荷载传递效应[19-20],并建立了相关的力学模型[21-22]。

侯忠杰教授等[23-26]提出了组合关键层的概念,并给出了组合关键层初次来压步距和周期来压步距的计算公式,对组合关键层的稳定性、失稳临界突变及其参数进行了分析。另外,根据基本顶初次来压破断拱式平衡和周期来压破断砌体梁平衡条件,结合岩块间铰点挤压接触面的实际高度,给出了裂缝带判别的理论公式。

许家林教授等[27]在对浅埋煤层的覆岩结构进行了深入研究的基础上,将浅埋煤层覆岩关键层结构分为单一关键层结构和多层关键层结构两种类型;又将单一关键层结构分为厚硬单一关键层结构、复合单一关键层结构、上煤层已采单一关键层结构三种类型。另外,指出单一关键层结构是造成浅埋煤层独特采动损害现象的地质原因。

陈忠辉教授等[28-29]针对长壁工作面来压所具有的局部、分段和迁移特征,提出了长壁工作面方向上顶板的铰接薄板组力学模型,解释了工作面方向上的破坏和来压特征。然后应用断裂力学理论建立了浅埋煤层综放开采的顶板断裂力学分析模型,推导了基本顶的断裂步距和支架工作阻力的计算公式,并分析了断裂步距和支架工作阻力的影响因素,通过实际工作面地质情况对支架工作阻力计算公式进行了验证。

赵宏珠教授[30-33]利用出口到印度的综采机械化设备,研究了印度某煤矿浅埋煤层的矿压显现规律,结合监测数据及理论分析成果,建立了计算支架荷载的力学模型。

张世凯等[34]以大柳塔煤矿首采工作面矿压实测数据为基础,深入分析了浅埋深厚松散层薄基岩近水平煤层长壁工作面顶板的来压形式、机理及上覆岩层的垮落规律,提出了顶板来压的"全厚切落式"理论,给出了来压预计的计算方法和支架工作阻力的计算公式。

杨治林等[35-36]结合浅埋煤层顶板关键层来压时的不平衡特性和变形运动特征,运用初始后屈曲理论和突变理论分析了顶板结构的不稳定性态。

王晓振等[37]以具体工程为背景,通过现场监测和理论分析深入研究了浅埋煤层综放开采工作面高速推进对顶板周期来压的影响。

王家臣教授等[38]研制了综采支架与围岩关系的二维实验平台,建立了保持工作面煤壁稳定与平衡顶板荷载作用的支架工作阻力和顶板切落的预测模型,提出了支架工作阻力所应满足的确保煤壁稳定的条件。

付玉平等[39]通过对浅埋薄煤层综采工作面矿压的实测研究,分析了其矿压显现过程的动载特征及顶板的来压规律,评价了所选液压支架对工作面的适应性,证明了支架选型的成功。

任艳芳等[40]对酸刺沟煤矿大采高综放工作面发生切顶压架事故的原因进行了深入研究,从工作面强制放顶的效果、液压支架的结构、支架的运行状态以及工作面的推进速度等方面进行了分析,所得结论能够对相近条件下的工作面安全开采提供有益帮助。

王旭锋等[41]分析了工作面来压期间的"支架-围岩"相互作用关系模型,得到了保持顶板稳定的支架支护阻力计算公式;并结合具体工作面工程地质条件,研究了随工作面推进支架工作阻力的变化规律。

冯军发等[42]统计了神东矿区顶板来压特征,并结合理论分析指出工作面采高与顶板的平均初次来压步距呈指数函数关系,与平均周期来压步距呈二项式函数关系。

姜海军等[43]在系统分析了关键层在工作面推进过程中的破坏过程和垮落机理的基础上,指出大采高开采顶板失稳主要形式为沿"X"形破坏带形成的屈曲失稳以及沿着"O"形破坏带形成的沿煤壁切落失稳,其中,沿煤壁切落失稳来压更剧烈。

周金龙等[44]通过物理模拟和数值分析研究了大采高覆岩含单一关键层时所形成的"高位斜台阶岩梁"结构和含双关键层时所形成的"斜台阶岩梁＋砌体梁"结构的稳定性,揭示了单一关键层和双关键层来压时的大小周期来压现象,并基于动静荷载相结合的方式研究了支架工作阻力的计算方式。

黄庆享等[45]针对浅埋近距离煤层下煤层开采时顶板初次破断容易形成"非对称三铰拱结构"的特征,建立了煤层群下煤层关键层固支梁力学模型,对基本顶极限跨距计算公式进行了修正,确定了下煤层顶板结构块的参数。

王家臣等[46]对工作面出现的煤壁大范围切落压架等矿压现象发生的力学机理进行了分析,指出荷载层厚度、采高、工作面长度的增大会造成基本顶破断岩块的高长比增加,基本顶结构不容易发生回转失稳,而更容易发生切落失稳。

王国法等[47-51]建立了大采高工作面顶板岩层断裂的"悬臂梁-砌体梁"结构力学模型以及支架与围岩的简化动力学模型,确定了 7.0 m 大采高支架工作阻力,对大采高支架工作阻力进行了优化设计。

尹希文[52]通过实测分析了设计采高为 7 m、8 m 和 8.8 m 的 3 个浅埋煤层超大采高工作面矿压显现规律,将之与普通埋深和近千米深井工作面矿压显现规律进行对比后指出,浅埋煤层工作面液压支架载荷及动载系数更大,来压步距相对较短,矿压显现强烈。

杨达明等[53]结合浅埋近水平煤层覆岩破坏特征,建立了压力拱结构模型,并进一步分析了压力拱结构层和覆岩破坏区演化的突发性和阶段性特点,推导得到了压力拱轴线方程和覆岩破坏范围计算判据。

马资敏等[54]针对准格尔煤田特厚煤层综放开采时矿压显现剧烈、顶板难以控制的问题,构建了力学模型,得到了两种断裂条件下顶板压力与垮采比、顶板参数之间的定量关系。指出垮采比越小、顶板悬顶越长,其压力就越大,顶板平行式断裂时的矿压显现越剧烈。

刘洪磊等[55]针对西部煤炭大范围切顶溃砂灾害,通过数值模拟、微震监测和理论分析手段揭示了不同采高和推进速度对煤岩破坏的影响作用,指出推进速度不同时工作面的应力调整范围和程度不同。

赵毅鑫等[56]采用三角拱模型研究了综采工作面基本顶跨厚比对顶板初次来压特征的影响作用,指出在不发生滑落失稳的条件下,基本顶跨厚比随顶板回转角的增大呈线性增大趋势,且铰接结构回转初期更容易发生滑落失稳。

赵雁海等[57]以工作面基本顶破断所形成的铰拱结构为力学模型,在其边界铰接端接触面按照应力指数分布规律得到了新的水平推力计算公式,并推导得到了铰接端变形量与下沉量的计算公式,通过数值模拟和现场实测进行了验证。

伊康等[58]通过数值模拟和理论分析研究了浅埋煤层表土层厚度小于卸荷拱最低成拱高度时的液压支架选型问题,指出基本顶岩块较小的台阶下沉即可引起表土层显著的卸荷效应,使支架-围岩结构趋于稳定,所需支护强度降低,初次来压卸荷系数仅受台阶下沉量和表土内摩擦角的影响。

汪北方等[59]通过物理模拟实验、理论分析等方法研究了浅埋煤层长壁开采基本顶的破断特征以及地表砂层的荷载传递效应,引入了岩柱法修正基本顶结构经典力学模型参数,改进了浅埋采场来压顶板支护力数学模型。

徐刚等[60]通过西原简化模型研究了支架工作阻力与时间的关系,指出工作面非生产期间顶板的蠕变活动是支架荷载增大的原因,解释了工作面推进速度对支架工作阻力的影响作用。

闫少宏等[61]针对浅埋煤层大采高开采矿压剧烈显现及支架工作阻力不足的问题,提出了大采高顶板的"短悬臂梁-铰接岩梁"结构模型,并给出了支架工作阻力的计算公式。

左建平等[62]基于基岩初次和周期断裂的力学模型,研究了基岩和松散层整体的变形和移动规律,得到了主应力的分布规律和变化迹线及基岩的倒漏斗形破断机理,建立了岩层整体移动的"类双曲线"模型,该模型能够更加有效地预测地表的沉陷规律。

柴蕊[63]应用对数函数和双曲函数研究了工作面推进速度对周期来压步距的影响作用。研究结果表明,工作面推进速度增加来压步距有所增大,但是由于工作面边界条件和地质条件的差异,周期来压步距增幅也有不同。

于秋鸽等[64]针对断层对开采空间传递的影响作用,通过理论推导指出工作面推进造成了断层面的离层,其对开采空间的传递具有增大效应。断层面离层空间主要受到工作面长度、基岩厚度、保护煤柱宽度、煤层厚度以及断层倾角等因素的影响。

郭金刚等[65]以实际工程为背景建立了综放沿空巷道覆岩结构力学模型,推导了基本顶破断位置的表达式,给出了沿空巷道上覆岩层的破断形式分类,采用 UDEC 数值模拟方法给出了各破断形式巷道围岩塑性区、位移和应力场的演化规律。

刘长友等[66]指出多采空区下坚硬厚层破断顶板群结构失稳具有一定的概率特征,建立了多采空区顶板群失稳分析模型,确定了失稳参数和失稳概率,通过具体工作面给予了验证。

吴锋锋等[67]采用多种方法研究了厚及特厚煤层工作面采空区顶板垮落高度,指出影响采空区顶板垮落高度的主要因素有煤层开采厚度、顶板破断块体碎胀系数、顶板分层极限挠曲变形量,并进行了验证。

鞠金峰等[68]针对浅埋煤层近距离下部煤层出煤柱时发生的压架灾害,通过多种方法研究指出,煤柱上方关键层破断后与采空区一侧已破断块体形成的三铰式结构的相对回转运动向下传递的过大荷载是引发压架灾害的根源。

吴锋锋等[69]通过理论分析与现场实测相结合的方法,研究了连续线性荷载条件下简支和固支顶板初次垮落步距的计算方法,得到了顶板在两向任意长度比值条件下的最大弯矩表达式,提出了一种基于板结构理论的顶板初次垮断步距的简便计算方法。

许永祥等[70]分析了 6.0 m 超大采高综放开采支架-围岩结构耦合关系,提出了超大采高支架-围岩结构耦合理论;指出综采放顶煤液压支架结构设计除需满足"小结构"支护系统适应"大结构"周期性破断失稳形成的强动载矿压外,还需考虑液压支架结构对顶煤冒放运移规律和支架荷载演化过程的影响。

(2) 浅埋煤层岩层控制现场实测和实验研究

现场实测、物理模拟实验和数值模拟实验是研究岩层控制问题的重要手段,对于指导实践和推动理论研究的发展具有十分重要的意义。我国科研工作者在浅埋煤层开采方面进行了大量的现场实测和实验研究工作。

1991 年对大柳塔煤矿 C202 工作面顶板来压情况的现场实测结果表明,工作面周期来压过程中的矿压显现较为明显,液压支柱的动载系数在 2.5~4.3之间,顶板出现了明显的台阶下沉,并且地表的台阶下沉量达到了 300~600 mm[71]。之后黄庆享教授对大柳塔煤矿 1203 综采工作面的矿压显现进行了数值模拟分析,揭示了浅埋煤层开采矿压显现的一般特征。

黄庆享教授[72]通过动态相似材料模拟实验,揭示了浅埋煤层上覆厚砂土层的破坏形态。指出厚砂土层在工作面初采期间通常出现"松脱拱"和"厚拱壳"式破坏,在临界充分采动阶段为"拱梁"式破坏,处于充分采动阶段时主要为"弧形岩柱"式破坏。

黄庆享等[73]以补连塔煤矿 31303 工作面为研究对象,对近浅埋煤层大采高开采的矿压显现规律进行了实测研究。研究结果表明,近浅埋煤层大采高工作面也存在明显的初次和周期来压现象,且在工作面来压过程中,液压支架动载现象显著,具有浅埋煤层通常的非稳定顶板结构的特征。

张杰等[74]通过对南梁煤矿首采工作面开采前的物理模拟实验和开采过程中的矿压观测,研究了工作面顶板的移动规律、来压强度和巷道的变形破坏情况,系统地归纳了南梁煤矿长壁工作面的矿压显现特征。

鞠金峰等[75]采用理论分析和相似模拟实验手段,对大柳塔煤矿活鸡兔井 21305 工作面过上部倾向煤柱时的动载矿压力学机理和来压规律进行了研究。

鞠金峰等[76]结合理论分析和相似材料模拟实验方法,总结了大采高开采情况下"悬臂梁"结构运动的三种形式:"悬臂梁"、"悬臂梁"双向回转垮落式和"悬臂梁-砌体梁"交替式;揭示了"悬臂梁"的三种运动形式对工作面矿压显现的影响规律,并通过实测进行了验证。

宋选民等[77]通过对具体工作面的开采试验与监测研究,探讨了浅埋煤层大采高工作面长度增加对矿压显现的影响,得出了工作面来压步距减小、矿压显现趋于缓和等结论。

付玉平等[78]根据具体工作面煤层的工程地质条件,运用相似材料模拟实验方法研究了采高为 5.5 m 的综采工作面开采时的顶板垮落特征和顶板断裂位置等。指出采高增大,直接顶难以充填采空区,顶板难以形成铰接结构。

杜锋等[79]通过数值模拟、理论分析和现场实测相结合的方法,对厚松散层超薄基岩厚煤层综放开采时的上覆岩层的破断机理和采动裂隙发育规律进行了深入分析。研究结果对厚松散层超薄基岩厚煤层综放开采静压大、动压小、动载系数小、采动裂隙发育不充分等现象给出了合理的解释。

杜锋等[80]以山西潞安集团司马煤业有限公司厚煤层开采作为研究背景,通过数值模拟、理论分析、现场实测等方法,对薄基岩综放采场基本顶的结构和运动特征进行了深入研究,给出了薄基岩的定义,建立了采场基本顶周期来压期间岩层破断的力学模型,对基本顶的结构稳定性进行了分析。

侯树宏等[81]结合具体工作面的工程地质条件,通过数值模拟和相似材料模拟实验方法,对工作面顶板的破断来压过程进行了深入研究,确定了直接顶与基本顶的结构组成和工作面的周期来压步距,分析了工作面推进过程中的矿压变化规律。

任艳芳等[82]通过相似材料模拟方法分析指出,在三向围压状态下,浅埋煤层顶板易由"X"形破裂、强度屈服破坏转化为单一剪切破坏,且具有明显的时间效应。浅埋煤层基岩发生整体切落下沉前,覆岩采动裂隙存在"形成-发育-扩展到地表(岩层整体切落下沉)"的发展过程;切落位置与工作面推进速度相关,加快推进速度有利于工作面稳定。

任艳芳等[83]通过 UDEC 数值模拟及现场观测,研究了浅埋煤层长壁工作面开采过程中的围岩应力场变化特征,指出工作面推进过程中上覆岩层可形成承压拱式结构,该结构的稳定性决定了工作面的矿压显现;提出了将承压拱结构的稳定与否作为判别煤层是否为浅埋煤层的方法。

卢鑫等[84]利用 UDEC 数值模拟软件对宝山煤矿厚煤层综采工作面的顶板破断和应力分布情况进行了模拟分析,模拟结果与实测基本相符,可为指导工程实践提供帮助。

赵兴东等[85]通过数值模拟方法对浅埋煤层开采过程中覆岩破坏的动态过程进行了分析,揭示了工作面推进过程中顶板的"三带"特征及矿压分布和地表的变形规律。

张杰等[86]指出浅埋煤层采空区临时煤柱蠕变失稳诱发基本顶回转断裂,采空区上方应力拱相互叠加,采动裂隙并未随着基本顶的破断同步发育至地表,采空区上覆岩层形成"梯形-半圆拱"状垮落带,基本顶断裂形成"W 形砌体梁"铰接结构,隔离煤柱两侧断裂岩块形成"双拱桥"式承载结构;建立了间隔式采空区"W 形砌体梁＋双拱桥"式承载结构模型。

林光侨[87]采用理论分析、现场实测和物理模拟实验相结合的方法,研究了乌兰木伦煤矿工作面的矿压显现规律和支架工作阻力变化情况,揭示了工作面压架机理。研究成果指导了工作面的支架选型,解决了生产中的矿压问题。

祝捷等[88]应用动力学分析方法研究了顶板断裂瞬间煤岩体系统的受力状态和力学响应机制,得出了顶板的突然断裂诱发煤层失稳的致灾条件。

贾后省等[89]综合应用相似材料模拟实验、理论分析和现场实测方法,证明了浅埋煤层工作面上覆岩层纵向裂隙贯通是形成突水溃砂通道的主要原因。指出周期来压之前纵向贯通裂隙开始张开,随着工作面的推进裂隙在水平力和岩块错位量增加的情况下不断扩展,随着顶板的切落而闭合;并阐述了工作面开采速度、支架的工作阻力、采空区充填程度这三个方面对纵向裂隙张开和闭合的影响作用。研究结果能够为浅埋煤层工作面突水溃砂的隐患的控制提供指导。

师本强等[90-91]通过相似材料模拟实验和数值模拟方法,研究了浅埋煤层覆岩中存在断层时采动作用造成的导水裂缝带的发育规律。研究结果可为浅埋煤层的保水开采提供技术支持。

王兆会等[92]针对高强度开采下断层构造处煤壁片帮难以支护的问题,通过数值模拟、理论分析和物理模拟实验方法研究了断层构造处煤壁片帮发生机理、影响因素和控制措施。

陈绍杰等[93]采用声发射和数码摄像机录像系统,通过单轴压缩实验对比分析了顶板砂岩-煤柱的力学特性和渐进破坏机制,指出组合体的起裂应力、单轴抗压强度和弹性模量均随岩煤高度比递减出现了递减的趋势。

任艳芳等[94-96]通过实验方法研究了浅埋深长壁工作面覆岩破断特征,指出裂缝带导通地表和基本顶的周期破断是工作面顶板发生大小周期来压的主要原因,在工作面周期来压期间要加快推进速度以避免压架事故。

张杰等[97]通过相似模拟实验研究了工作面过沟谷底部时产生动载的原因,提出了工作面推进过程中形成的"非均布荷载梁"结构模型,建立了关键层非均布荷载梁结构力学模型,得出了相邻关键块滑落失稳的力学模型。

(3) 浅埋煤层开采顶板切落灾害研究

浅埋煤层所具有的独特的赋存特征,造成其在高强度开采过程中顶板易出现台阶下沉,进而造成大范围顶板切落压架等重大地质灾害。国内学者针对浅埋煤层矿压进行研究的同时,也对开采过程中的顶板切落灾害现象进行了诸多的研究,并对顶板切落灾害的防治提出了一些十分有意义的措施和建议。

石平五教授[98]指出浅埋煤层薄基岩顶板在上覆厚砂土层作用下呈现整体下沉而不是离层运动,基本顶所承受的荷载集度大,垮落步距较小,形成的岩块比较短,来压前在煤壁前方大多不会完全破断,而是形成剪切破断,随工作面推进达到极限荷载时,表现为整体的台阶切落,造成冲击作用,从而带来巨大的安全隐患。另外,分析了控制顶板垮落的要点,以及基岩厚度、煤层采高和工作面推进速度对顶板破断来压的影响作用。

侯忠杰教授等[99]通过大型立体模型相似材料模拟实验对石圪台煤矿111^{2上}02工作面"支架-围岩"关系进行了研究,指出当基岩厚度与工作面采高之比 $h/m \leqslant 9$ 时,在常规的推进速度(2 m/d)下,工作面顶板发生全厚切落,对支架造成较大压力;当 $h/m > 9$ 时,顶板会出现分层垮落现象,切顶现象不明显,矿压显现缓和;当工作面推进速度较快(>10 m/d)或者 $h/m>10$ 时,顶板也会出现切落压架现象。

许家林教授等[100]对神东矿区浅埋煤层开采压架机理与类型进行了深入系统的研究,认为在四类特定条件下容易发生直达地表的工作面切顶压架事故:厚风积沙复合单一关键层条件、过沟谷地形上坡段条件、采出上覆集中煤柱条件、上覆房采煤柱下开采条件;并给出了相对应的工程防治措施,指导了矿区的安全生产。

许家林教授等[101]、张志强等[102-103]综合运用现场实测、理论分析和物理模拟实验等研究手段,对浅埋煤层工作面过沟谷地形时动载矿压的显现规律和影响机制进行了深入分析。研究成果对矿压灾害的防治起到了很好的指导作用。

王家臣教授等[104-105]指出基本顶岩块在失稳瞬间会对直接顶岩体产生冲击作用,冲击力与基本顶岩块重力及其上覆荷载、基本顶与直接顶岩体间的离层量和直接顶岩体的刚度相关,并应用动荷载法推导了浅埋煤层切顶过程中支架工作阻力的计算公式。

周海丰[106]通过理论计算和现场监测的方法,对上湾煤矿大采高工作面切顶事故进行了深入分析,得出了切顶发生的具体原因。

陈冰[107]通过理论分析和现场监测相结合的方法,研究了铁北矿工作面切顶频发的问题,总结了切顶事故发生的 5 个主要原因,并提出了防治切顶的具体措施,提高了工作面产量。

李正杰[108]综合运用工作面监测、数值模拟和理论分析方法,对浅埋煤层的顶板破断形式、切落条件和支架工作阻力等进行了相关研究。

闫少宏等[109]基于"悬臂梁-铰接岩梁"结构模型和 Winker 地基理论研究了大范围切顶压架发生的原因,指出大面积切顶压架的主要特征是工作面顶板沿煤壁的大范围切落,直接顶和基本顶的横向平衡被打破,且支架初撑力和工作阻力较低;并给出了防治对策和合理的支架工作阻力值。

任艳芳[110]基于物理模拟实验和数值模拟结果提出了浅埋煤层开采"悬臂梁-铰接岩梁"结构模型,并指出"悬臂梁"断裂下沉造成的"铰接岩梁"在煤壁处的失稳是工作面产生切顶、压架灾害的根本原因。

尹希文[111-112]结合"砌体梁"理论提出了支架与围岩在双周期内的动态作用模型;在统计分析及物理模拟实验的基础上提出了浅埋煤层超大采高覆岩

"切落体"结构模型,研究了切落体失稳的条件和类型,指出"切落体"以滑落失稳为主,给出了支架荷载的计算方法。

李正杰等[113]根据实际监测结果指出,浅埋煤层综采面顶板具有"等距"切落特征,垂直切落是支架被压死的最危险状态,并给出了支架合理工作阻力的计算公式。

韩红凯等[114]针对顶板台阶下沉压死支架的问题建立了关键层结构滑落失稳的力学分析模型,研究了关键块失稳的动力特征及"再稳定"条件,指出关键块可能在压死支架前达到回转挤压稳定状态或者触矸而停止滑落,并不一定达到支架允许的最大滑落量而造成支架被压死。

许家林等[115]指出除坚硬顶板造成的大面积切顶压架外,浅埋煤层开采、松散层承压水下开采、特大采高开采也是造成大面积采场切顶灾害多发的条件,而覆岩关键层结构上覆荷载过大造成其滑落失稳是采场大面积切顶压架的根本原因。并指出只依靠提高支架工作阻力难以防治切顶压架事故,还需要采取其他有效措施。

综上所述,尽管国内外学者在浅埋煤层开采的岩层控制和灾害防治领域的研究取得了显著的成果,但仍有许多基础理论问题需要研究。尤其是我国西部煤炭高强度开采下大面积顶板切落压架灾害的发生机理、影响因素及不同条件下支架工作阻力确定方法等,仍是目前煤炭工业发展亟待解决的科学难题,有待进一步深入研究。因此,本书主要针对西部浅埋煤层高强度开采下工作面矿压显现规律、大面积顶板切落压架灾害发生的力学机理与影响因素、工作面支架与围岩相互作用关系以及顶板切落时支架工作阻力的适应性进行深入研究,以期为浅埋煤层开采的工程实践提供指导。

1.3 主要研究内容和研究方法

本书综合应用地质调查、现场监测、理论分析、数值模拟和相似材料模拟实验方法,针对浅埋煤层高强度开采过程中工作面矿压显现规律、顶板切落压架灾害的发生机理及影响因素、顶板切落时的支架-围岩作用关系、顶板切落时的支架工作阻力的适应性进行深入研究。本书的主要研究内容和研究方法如下:

(1)针对浅埋煤层开采周期来压过程中顶板沿煤壁台阶下沉导致顶板切

落压架灾害的致灾机理进行研究。根据直接顶岩体在支承压力作用下破坏失稳的非线性变化特征,建立基本顶-直接顶-支架-架后矸石系统的力学模型,利用突变理论研究荷载作用下系统的失稳机制,分析系统失稳的充要条件及直接顶岩体的变形突跳量表达式,并对系统失稳的主要影响因素进行分析。结合工程实例,验证理论推导的合理性,给出工程建议。

(2)针对浅埋煤层高强度开采下基本顶易形成"悬臂梁"结构切落压架的特征,建立含中心斜裂纹的基本顶岩梁破断的力学模型,应用断裂力学理论,推导基本顶岩梁的应力强度因子表达式及基本顶周期来压步距和支架工作阻力计算式。结合工程实例,计算支架工作阻力的合理值,验证理论分析的合理性。利用断裂力学和弹塑性力学理论简要分析长壁工作面方向上的顶板垮落及来压特征。

(3)针对浅埋煤层高强度开采下的工作面应力分布特征及上覆岩层运动规律,采用 UDEC 数值模拟软件,对工作面不同推进速度和采高条件下的顶板矿压显现规律进行模拟分析。结合弹性力学中的薄板理论建立裂纹板力学模型。

(4)应用二维相似模拟实验平台,在有关浅埋煤层含中心斜裂纹顶板破断切落理论研究的基础上,针对实际工程中含主控裂纹顶板在工作面推进过程中裂纹的扩展规律进行相似材料模拟实验研究,再现主控裂纹扩展诱发切顶灾害的一般过程。应用压力盒对工作面推进过程中的顶板支承压力进行监测;通过在主控裂纹附近布置压力盒,监测主控裂纹活化和顶板切落过程中裂纹面的正应力和剪应力变化规律;使用自制支架模拟工作面开挖过程,对顶板来压及切落过程中的支架工作阻力进行监测;在模型上布置监测点,通过数码照相机拍照方法对工作面推进过程中的顶板下沉及切落时顶板的位移进行监测并分析。将实验与理论分析结果相结合分析裂纹扩展的主要影响因素,研究揭示不同裂纹倾角下顶板切落时上覆岩层荷载的形成机理。

第 2 章　浅埋煤层开采顶板切落压架机理的突变分析

本章针对浅埋煤层开采周期来压过程中顶板沿煤壁台阶下沉导致顶板切落压架灾害的形成机理进行研究。根据直接顶岩体在支承压力作用下破坏失稳的非线性变化特征,建立基本顶-直接顶-支架-架后矸石系统的力学模型,利用突变理论研究荷载作用下系统的失稳机制,获得系统失稳的充要条件及直接顶岩体的变形突跳量表达式,分析系统失稳的主要影响因素。又应用岩石动力学相关分析方法,分别推导系统失稳前静荷载和失稳后冲击动荷载作用下的支架压缩量表达式,获得切顶过程中支架荷载的计算式,并分析支架荷载的主要影响因素。

2.1　引　　言

我国西部地区赋存大量浅埋煤层,其典型特征是埋深浅、基岩薄和上覆松散砂层厚[1]。该煤层工作面顶板往往难以形成稳定的"砌体梁"结构,高强度开采过程中长壁工作面易发生顶板台阶下沉,矿压显现更加强烈且更加复杂。顶板台阶下沉常常造成顶板沿煤壁的全厚切落,从而导致支架被"压死"或形成涌水溃砂通道,给煤矿安全带来诸多隐患。因此,研究浅埋煤层大范围切顶发生的力学机理,揭示顶板切落时的支架-围岩作用关系,对于减少浅埋煤层开采时的切顶压架灾害具有重要的工程意义。

顶板控制的关键是对直接顶的控制,"支架-围岩"关系长期以来一直是矿山压力控制研究的基本理论问题[116]。针对直接顶对支架-围岩关系的影响机制,国内学者刘长友等[117]、曹胜根等[118]做了大量理论和实验研究工作,对于矿山压力理论的进一步完善具有重要意义。针对浅埋煤层开采工作面的矿压特点及其影响因素,吕军等[2]、黄庆享[18]、张杰等[74]、柴敬等[119]进行了卓有成效的研究工作。然而工程实践表明,开采过程中直接顶岩体的破坏机理及支架-围岩作用关系还有待进一步研究。

诸多学者已将突变理论应用于矿山工程研究领域[120-127],取得了一系列科研成果。杨治林等[35-36]应用突变理论分析了浅埋煤层工作面初次来压期间顶板的破断机制,给出了顶板台阶下沉的判据及下沉量的计算公式。但是杨治林等只注重对初次来压时顶板的破断分析,没有对周期来压过程中顶板沿煤壁切落台阶下沉的机制进行研究,也没有研究直接顶在失稳破坏过程中与支架的相互作用关系及其对顶板切落压架的影响。

本章拟根据浅埋煤层工作面周期来压过程中的具体特征,以直接顶为研究对象,将直接顶作为可变形介质,建立基本顶-直接顶-支架-架后矸石系统,分析系统失稳时直接顶的变形突跳机制,研究支架-围岩作用关系,分析直接顶变形突跳的影响因素,探讨顶板切落压架的发生机理。

2.2　力学模型及本构关系

2.2.1　力学模型

针对顶板沿煤壁切落这一最不利情况,以切顶线为边界取图 2-1 中矩形框内顶板岩体为研究对象,将矩形区域内部岩体按照其位置和破坏特征划分为直接顶岩体和基本顶岩体[见图 2-2(a)],基本顶自重及上覆厚松散砂层荷载 q_0 通过基本顶岩梁传递给直接顶及架后矸石,导致直接顶、矸石和支架的压缩变形,当变形量增至某临界值时,基本顶沿煤壁产生大面积突然切落。从力学角度出发,研究基本顶切落发生的机理,建立由浅埋煤层工作面基本顶、直接顶、支架和架后矸石组成的力学系统,一般可以用弹性体分别代表支架和矸石,基本顶一端由于存在破断裂缝,可以简化为与前方岩体的铰支连接。基本顶-直接顶-支架-架后矸石系统可简化为图 2-2(b)所示的力学模型。

设直接顶岩体压缩量为 u,支架压缩量为 w,支架-直接顶全位移为 a,矸石压缩量为 v,支架刚度为 k_1,矸石刚度为 k_2。

根据简化力学模型中梁的边界条件,可得挠曲线方程为:

$$y = \frac{1}{EI}\left(\frac{qx^4}{24} - \frac{qlx^3}{12} + \frac{ql^3x}{24}\right) + \frac{v-a}{l}x + a \qquad (2-1)$$

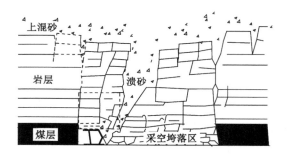

图 2-1　典型的顶板切落式结构[14]

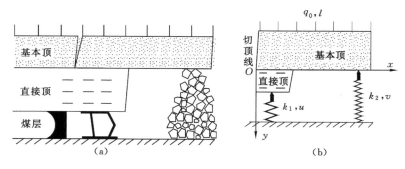

图 2-2　简化的力学模型

2.2.2　直接顶岩体的本构关系

直接顶岩体的本构关系是具有软化性质的非线性关系,文献[128]对岩石类材料的应力-应变关系进行了探讨,并给出了岩石应力 σ 与应变 ε 的关系:

$$\sigma = E\varepsilon \left[1 - \int_0^\varepsilon \varphi(t)\mathrm{d}t \right] \tag{2-2}$$

式中,E 为岩石的弹性模量初始值;积分 $\int_0^\varepsilon \varphi(t)\mathrm{d}t$ 为损伤参量,与岩石材料中的缺陷分布密度有关。当岩石中的缺陷符合泊松分布时,非线性本构关系式为:

$$\sigma = E\varepsilon \mathrm{e}^{-\varepsilon/\varepsilon_0} \tag{2-3}$$

对截面积为 A,高为 h 的直接顶岩体,式(2-3)可表示为荷载 R 与压缩量(应变)u 的关系(见图 2-3):

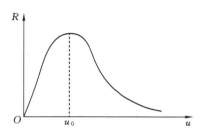

图 2-3　岩石的本构关系

$$R = \lambda u e^{-u/u_0} \tag{2-4}$$

式中，$\lambda = EA/h$，为岩体的初始刚度；u_0 为峰值荷载时对应的应变。

式（2-4）表征的非线性曲线在应变 $u_1 = 2u_0$ 处有一拐点，对应的斜率的绝对值为 $\lambda_1 = \lambda e^{-2}$。

2.3　直接顶失稳的突变分析

2.3.1　突变理论

在突变理论中[129]首先构造势函数，其标准形式为：

$$V(x) = \frac{1}{4}x^4 + \frac{1}{2}px^2 + qx \tag{2-5}$$

式中，x 为系统状态变量；p,q 为系统控制变量。

$V(x)$ 的一阶导数为零，即

$$V'(x) = x^3 + px + q = 0 \tag{2-6}$$

时，为系统平衡方程。该方程表示的图形是一具有折痕的光滑曲面，称为平衡曲面 M，它是系统所有临界点的集合。

对势函数求二阶导数得到奇点方程：

$$V''(x) = 3x^2 + p = 0 \tag{2-7}$$

将式（2-6）、式（2-7）联立消去 x，得到系统突变的分叉集方程（2-8）。方程（2-8）表示的图形是导致状态变量 x 发生突跳的所有点的集合［见图 2-4(b)］。

$$4p^3 + 27q^2 = 0 \tag{2-8}$$

在图 2-4(a)的上叶及下叶上,有 $V''(x)>0$,势函数取极小值,平衡状态稳定;在中叶上,有 $V''(x)<0$,势函数取极大值,平衡状态是不稳定的;在曲面的上叶、下叶和中叶的交界处,即图 2-4(b)中的光滑折痕 OA 和 OB 上,有 $V''(x)=0$,为临界状态,满足分叉集方程(2-8)。随着外荷载的作用,系统的稳定平衡点逐渐移动到折痕上,达到临界平衡状态,在微小扰动作用下会移动到中叶而处于非稳定状态,这必然导致其向上叶的突跳,进而导致系统的失稳〔见图 2-4(c)〕。

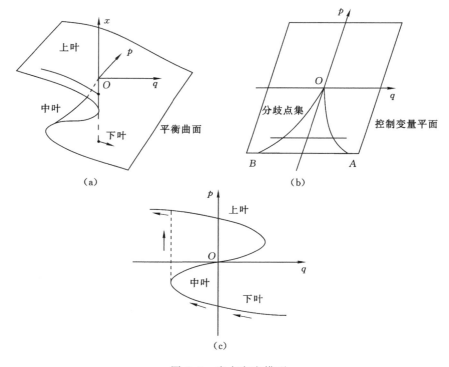

图 2-4　尖点突变模型

2.3.2　系统势函数

由基本顶、直接顶、支架和架后矸石组成的力学系统总势能为[124,130]：

$$V(x) = W_{\mathrm{L}} + U_{\mathrm{E}} + U_{\mathrm{S}} \tag{2-9}$$

式中,W_{L} 为外力对系统所做的功,$W_{\mathrm{L}} = -\int_0^l qy\mathrm{d}x$;$U_{\mathrm{E}}$ 为系统应变能;U_{S} 为耗

散能。代入式(2-9)，则系统的总势能为：

$$V(x) = -\int_0^l qy\,dx + \frac{1}{2}\int_0^l EI\,(y'')^2\,dx +$$

$$\int_0^u \lambda u e^{-u/u_0}\,du + \frac{1}{2}k_1(a-u)^2 + \frac{1}{2}k_2 v^2 \tag{2-10}$$

2.3.3　突变分析

以直接顶岩体压缩量 u 为状态变量，根据尖点突变理论由 $V'=0$ 得系统平衡方程：

$$V'_u = -\frac{ql}{2} - k_1(a-u) + \lambda u e^{-u/u_0} = 0 \tag{2-11}$$

则奇点集方程为：

$$V''_u = k_1 + \lambda e^{-u/u_0}(1 - \frac{u}{u_0}) = 0 \tag{2-12}$$

平衡曲面 M 在尖点处满足 $V'''=0$，可求得：

$$V'''_u = (2 - \frac{u}{u_0})\frac{\lambda}{u_0}e^{-u/u_0} = 0 \tag{2-13}$$

则在尖点处有：

$$u = 2u_0 = u_1 \tag{2-14}$$

可知尖点即岩体本构关系曲线的拐点。

为将尖点突变模型整理成标准形式，在尖点处进行泰勒级数展开，并截取至三次项：

$$-\frac{ql}{2} - k_1(a-u_1) + \lambda u_1 e^{-u/u_0} + [k_1 + \lambda(1 - \frac{u_1}{u_0})e^{-u/u_0}](u-u_1) -$$

$$\frac{\lambda}{u_0}e^{-u/u_0}(2 - \frac{u_1}{u_0})(u-u_1)^2 \frac{1}{2!} - \frac{\lambda}{u_0^2}e^{-u/u_0}(3 - \frac{u_1}{u_0})(u-u_1)^3\frac{1}{3!}$$

引入无量纲参数 $x = \frac{u-u_1}{u_1}$，将上式化简可得尖点突变标准形式的平衡曲面方程：

$$x^3 + px + q = 0 \tag{2-15}$$

其中：

$$p = \frac{3}{2}(K-1) \tag{2-16}$$

$$q = \frac{3}{2}(-\frac{ql}{2\lambda u_1 \mathrm{e}^{-2}} + K\xi - 1) \tag{2-17}$$

$$K = \frac{k_1}{\lambda \mathrm{e}^{-2}} = \frac{k_1}{\lambda_1} \tag{2-18}$$

$$\xi = \frac{a - u_1}{u_1} \tag{2-19}$$

式中,参数 K 是支架刚度与直接顶岩体本构关系曲线在拐点处的斜率之比,称为刚度比;ζ 是全位移参数,与支架和直接顶的全位移 a 有关。由式(2-16)、式(2-17)可知,系统的控制变量 p、q 与刚度比 K、全位移参数 ζ、外荷载 q_0 和基本顶周期来压步距 l 有关。

由式(2-8)可知,只有当 $p \leqslant 0$ 时,系统才会越过分叉集发生变形突跳。因此,$p \leqslant 0$ 是系统失稳的必要条件,由式(2-16)可知,此时刚度比必须小于或等于 1,即

$$K \leqslant 1 \text{ 或} \frac{k_1}{\lambda_1} = \frac{k_1 h \mathrm{e}^2}{EA} \leqslant 1 \tag{2-20}$$

依据突变理论,只有 p、q 满足分叉集方程(2-8)时,系统才会突跳失稳,因此分叉集方程是系统突跳失稳的充分条件。由图 2-4 可知,当分叉集从右支($q > 0$)跨越到左支($q < 0$)时,这时对应点处于不稳定状态,状态变量 x 发生突跳,对应的直接顶岩体变形量瞬间增大。由式(2-8)得该力学系统突变失稳的充要条件为:

$$\begin{cases} 2(K-1)^3 + 9(-\frac{ql}{2\lambda u_1 \mathrm{e}^{-2}} + K\xi - 1)^2 = 0 \\ K - 1 \leqslant 0 \\ -\frac{ql}{2\lambda u_1 \mathrm{e}^{-2}} + K\xi - 1 < 0 \end{cases} \tag{2-21}$$

由于刚度比 K 只与系统内部特性有关,因此材料的性质是系统发生突变的必要条件。由式(2-21)中系统突变失稳的必要条件表达式可知,在直接顶岩体结构材料参数一定时,增大支架刚度 k_1,支架工作阻力增加,刚度比 K 增大,系统越稳定,基本顶不易切落压架;而减小支架刚度 k_1,刚度比 K 减小,容易导致系统失稳。因此,在合理范围内增大支架刚度对顶板稳定具有重要作用。当支架刚度 k_1 一定时,直接顶岩体越完整,刚度越大,其弹性模量越大,刚度比 K 越小,系统越容易失稳,从而导致基本顶切落压架;直接顶岩体越破碎,刚度越小,

其弹性模量越小,刚度比 K 越大,系统越稳定。图 2-4(c)中下叶代表系统能量的积累过程,此时,弹性势能逐渐增加,系统处于稳定状态的临界点;随着回采工作的继续,支架和矸石变形量逐渐增加,直接顶岩体压缩量 u 逐渐增加至中叶的临界状态;当到达上叶后,直接顶岩体压缩量 $u=2u_0=u_1$,变形量突然瞬间增大,造成系统失稳,导致基本顶沿煤壁切落,系统达到新的平衡状态。直接顶变形突跳的整个过程,就是系统状态的突变过程。

由式(2-21)中系统突变失稳的充分条件表达式可知,系统失稳还与外荷载 q_0 和基本顶周期来压步距 l 有关。随着 q_0 增大,系统所受荷载增加,系统稳定性逐渐降低。当 q_0 达到一定值时,系统发生突变失稳。基本顶周期来压步距 l 越大,系统稳定性越低,当 l 超过一定值,满足突变失稳的充分条件时,系统发生突变失稳。因此,外荷载 q_0 及基本顶周期来压步距 l 是系统失稳的外部决定因素,它们足以改变系统的稳定状态。

因此,系统是否失稳除与其内部特性有关外,还与基本顶周期来压步距及外荷载有关。对直接顶岩体来说,其应变软化特性越强,弹性模量越大,对应的 λ_1 越大,刚度比 K 就越小,系统就越容易失稳;外荷载、基本顶周期来压步距越大,系统越容易失稳。

浅埋煤层上覆厚松散砂层荷载全部作用在顶板基岩上,在工作面高强度开采过程中,随着工作面的推进,基本顶上覆荷载逐步增大,必然导致突变失稳的概率增加;另外,在支架刚度一定的情况下,支架对系统稳定性的影响程度及支架所受荷载,均取决于直接顶岩体的力学特性和材料参数,是否会造成基本顶切落压架,决定于直接顶岩体是否会突跳失稳,直接顶的岩性组成及完整性情况对其突跳失稳有决定性的影响。

2.3.4　突跳量计算

当系统满足突变失稳的充要条件时,解式(2-15)得 3 个实根,分别为:

$$x_1 = -\left(-\frac{p}{3}\right)^{1/2} = -\frac{\sqrt{2}}{2}(1-K)^{1/2} \tag{2-22}$$

$$x_2 = x_3 = 2\left(-\frac{p}{3}\right)^{1/2} = \sqrt{2}(1-K)^{1/2} \tag{2-23}$$

当跨越分歧点集时,状态变量 x 发生突跳[见图 2-4(c)],突跳量为:

$$\Delta x = x_3 - x_1 = \frac{3\sqrt{2}}{2}(1-K)^{1/2} \tag{2-24}$$

对应的系统失稳前后直接顶的突跳压缩量为：

$$\Delta u = u_1 \Delta x = 3\sqrt{2}\, u_0 (1-K)^{1/2} \tag{2-25}$$

将 p、q 代入式(2-8)得：

$$\xi = \frac{1}{K}\Big[1 + \frac{ql}{2\lambda u_1 \mathrm{e}^{-2}} \pm \frac{\sqrt{2}}{3}(1-K)^{3/2}\Big] \tag{2-26}$$

由 $\xi = \dfrac{a-u_1}{u_1}$ (ξ 取较大值)得变形突跳时全位移 a 为：

$$a = \Big\{1 + \frac{1}{K}\Big[1 + \frac{ql}{2\lambda u_1 \mathrm{e}^{-2}} + \frac{\sqrt{2}}{3}(1-K)^{3/2}\Big]\Big\} 2u_0 \tag{2-27}$$

综合式(2-25)和式(2-27)，在系统内部特性一定的情况下，当全位移达到式(2-27)所示值时，系统将发生突跳，突跳压缩量由式(2-25)确定。全位移 a 除与系统内部特性有关外，还与外荷载有关，而突跳压缩量 Δu 仅由直接顶材料特性和刚度比决定。

2.3.5　系统失稳的能量释放

将系统势函数表达式(2-10)在尖点处按照泰勒级数展开，并截取至四次项，引入无量纲参数 x、p、q 得：

$$V = \frac{2}{3}\lambda u_1 \mathrm{e}^{-2} u_0^2 (x^4 + 2px + 4qx + c) \tag{2-28}$$

将式(2-22)、式(2-23)中的 x_1、x_3 代入式(2-28)，并利用 $p = \dfrac{3}{2}(K-1)$ 得突变过程中的能量释放量为：

$$\Delta V = V(x_3) - V(x_1) = \frac{1}{2}\lambda_1 \mathrm{e}^{-2} u_0^2 (1-K)^2 \tag{2-29}$$

由式(2-29)可知，系统突变所释放的能量与外荷载作用程度无关，只取决于刚度比 K 以及直接顶岩体的材料参数。

当 $K \to 0$ 时，能量释放达到极限值：

$$\Delta V_{\max} = \frac{1}{2}\lambda_1 \mathrm{e}^{-2} u_0^2 \tag{2-30}$$

综合式(2-29)、式(2-30)可知，刚度比 K 越小，系统失稳时的能量释放量越大，来压越剧烈，发生压架灾害的可能性越大。

2.4　影响因素分析及工程实例

2.4.1　影响因素分析

为深入分析系统突变失稳过程中全位移 a 和能量释放量 ΔV 的主要影响因素,结合神东矿区大柳塔煤矿 1203 工作面工程地质情况,对其主要参数进行分析。图 2-5 和图 2-6 分别为外荷载、基本顶周期来压步距与全位移关系曲线,图 2-7 为支架刚度与能量释放量关系曲线。

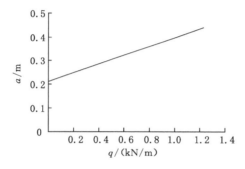

图 2-5　外荷载与全位移关系曲线

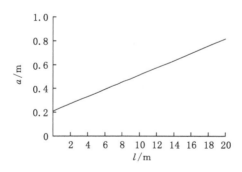

图 2-6　基本顶周期来压步距与全位移关系曲线

分析图 2-5 和图 2-6 可知,随着外荷载和基本顶周期来压步距的增大,全位移 a 呈现线性增大趋势。这表明当外荷载和基本顶周期来压步距增大时,系统失稳对工作面造成的破坏增大。但由曲线的斜率可知,外荷载对全位移 a 的影响作用较小,基本顶周期来压步距是全位移的主要决定因素。

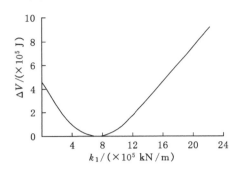

图 2-7　支架刚度与能量释放量关系曲线

由图 2-7 可知,支架刚度与系统能量释放量的关系呈抛物线形变化。根据支架刚度与直接顶刚度的相对关系,当支架刚度小于直接顶刚度时,随支架刚度增大,系统失稳释放的能量逐渐减小;当支架刚度与直接顶刚度相等时,系统失稳释放的能量达最小;此后,随支架刚度增加,系统失稳释放的能量逐渐增大。因此,合理控制支架的刚度对于减小突变失稳对工作面造成的破坏具有积极的作用。

2.4.2　工程实例分析

大柳塔煤矿 1203 工作面布置在 1^{-2} 煤层,煤层平均厚度 6 m,平均倾角 3°;基本顶主要为砂岩和砂质泥岩,岩层完整,厚度 $h_1 = 17.3$ m,弹性模量 $E_1 = 11$ GPa,上覆岩层及基本顶荷载 $q = 1.23$ MPa;直接顶主要为粉砂岩、泥岩和砂质泥岩,层理发育,厚度 $h_z = 3.6$ m,弹性模量 $E_z = 5$ GPa;开采区上方的烧变岩层厚 20 m 左右,其上为毛乌素沙漠风积沙覆盖层。工作面构造简单,煤层埋藏深度平均 60 m,实测基本顶周期来压步距 $l = 11$ m,基本顶岩块破断后形成沿工作面煤壁整体切落的台阶下沉,下沉量约为 458 mm[1]。

由式(2-21)可确定系统失稳的充要条件。

(1) 首先确定系统失稳的必要条件。

由 $\lambda = EA/h$ 得:

$$\lambda_1 = \lambda \mathrm{e}^{-2} = \frac{E_z A}{h_z} \mathrm{e}^{-2}$$

代入式(2-18)得:

$$K = \frac{k_1}{\lambda_1} = \frac{k_1 h_z e^2}{E_z A} = 0.203 < 1$$

（2）将各参数代入式（2-17）得：

$$q = \frac{3}{2}\left(-\frac{ql}{2\lambda u_1 e^{-2}} + K\xi - 1\right) = -3.443 < 0$$

由突变失稳判据可知，该工作面组成的力学系统满足失稳的充要条件，具有发生基本顶沿煤壁台阶下沉切落压架的可能性。根据实测，神东矿区大柳塔煤矿 1203 工作面周期来压过程中出现了 6 次不同程度的台阶下沉，下沉量在 360 ～600 mm 之间，平均 458 mm，证明理论计算与实际情况相符。

（3）工作面失稳的能量释放。

将各参数代入式（2-29），经计算得：

$$\Delta V = \frac{1}{2}\lambda_1 e^{-2} u_0^2 (1 - K)^2 = 1\ 724\ (\text{kJ})$$

对于 1203 工作面的基本顶-直接顶-支架-架后矸石系统，要想保证它的稳定及直接顶不发生突跳失稳，可以采取增加支架刚度、提高支架工作阻力、控制开采强度及调整开采顺序等措施。

2.5　支架工作阻力确定

2.5.1　力学模型及支架工作阻力分析

突跳失稳发生前，直接顶岩体和支架在基本顶及上覆厚砂土层的静荷载作用下产生压缩变形，直接顶岩体在变形破坏达到一定程度后发生突跳失稳，造成基本顶及上覆厚砂土层突然切落，形成对直接顶及支架的冲击动荷载。冲击动荷载与基本顶岩块重力及上覆荷载、基本顶与直接顶间的离层量以及直接顶的刚度有关。

冲击动荷载大于静荷载，其作用时间极短，并伴有声、热等能量的耗散与传导。冲击动荷载在系统中的作用实质上是应力波在岩体内的传导与衰减过程，是直接顶岩体受应力波扰动引起应力在极短的时间内发生显著改变，进而造成剧烈的动压现象并通过直接顶岩体作用到支架上的过程，其结果造成直接顶岩体的破坏和支架在荷载作用下的压缩变形[104-105]，力学模型如图 2-8 所示。因此，分析应力波在直接顶岩体内的传播过程，研究其衰减规律，确定透射应力的大小,从而确定作用到支架上的冲击动荷载,对于分析切顶发生过程中的支架荷载进而选取合理的支架工作阻力具有重要意义。

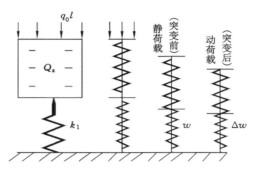

图 2-8　系统突变前后的支架-围岩力学模型

由于冲击动荷载造成的应力波直接作用于直接顶上表面,直接顶上表面的应力波的主体一般为体波(P 波),因此,仅讨论体波(P 波)作用下的质点振动速度。利用应力波(P 波)在直接顶与支架接合面处的透射规律来研究支架所受的冲击动荷载作用。直接顶岩体突跳失稳(突跳压缩量为 Δu),使基本顶及上覆岩层突然切落。基本顶及上覆岩层势能降低、动能增加,并以一初速度 v_0 冲击直接顶岩体。根据动量守恒原理,可得到直接顶岩体表面的质点振动速度 v[131]:

$$v = \frac{A_0 \rho_0 c_0}{A_0 \rho_0 c_0 + A_a \rho_a c_a} v_0 \tag{2-31}$$

式中,A_0 为基本顶岩体碰撞端的横截面积;ρ_0 为基本顶岩体的密度;c_0 为应力波在基本顶岩体中的传播速度;A_a 为直接顶岩体的横截面积;ρ_a 为直接顶岩体的密度;c_a 为应力波在直接顶岩体中的传播速度。

假设切落过程中没有能量损失,根据能量守恒定律,冲击过程中的基本顶及上覆厚砂土层荷载在直接顶岩体突跳失稳中的势能降低量全部转化为冲击作用的动能,因此有:

$$\frac{1}{2} m v_0^2 = mg \Delta u \tag{2-32}$$

将式(2-25)代入式(2-32),整理得冲击时的 v_0 为:

$$v_0 = \sqrt{\frac{2\Delta u}{g}} = \sqrt{\frac{6\sqrt{2}\, u_0 (1-K)^{1/2}}{g}} \tag{2-33}$$

因此冲击作用时的直接顶岩体表面的质点振动速度可表示为:

$$v = \frac{A_0 \rho_0 c_0}{A_0 \rho_0 c_0 + A_a \rho_a c_a} \sqrt{\frac{6\sqrt{2}\, u_0 (1-K)^{1/2}}{g}} \tag{2-34}$$

应力波作用在直接顶表面上的初始应力为：

$$\sigma_0 = \rho_a c_a v = \frac{A_0 \rho_0 c_0 \rho_a c_a}{A_0 \rho_0 c_0 + A_a \rho_a c_a} \sqrt{\frac{6\sqrt{2}\, u_0 (1-K)^{1/2}}{g}} \tag{2-35}$$

因此作用在直接顶上的冲击动荷载为：

$$F = A_a \sigma_0 = A_a \rho_a c_a v$$

$$= \frac{A_0 \rho_0 c_0 A_a \rho_a c_a}{A_0 \rho_0 c_0 + A_a \rho_a c_a} \sqrt{\frac{6\sqrt{2}\, u_0 (1-K)^{1/2}}{g}} \tag{2-36}$$

根据一维应力波在岩体中的衰减公式 $\sigma = \sigma_0 e^{-a'h}$，可得应力波通过直接顶岩体时的荷载衰减为：

$$F' = \frac{A_0 \rho_0 c_0 A_a \rho_a c_a}{A_0 \rho_0 c_0 + A_a \rho_a c_a} \sqrt{\frac{6\sqrt{2}\, u_0 (1-K)^{1/2}}{g}} e^{-a'h} \tag{2-37}$$

式中，a' 为衰减系数；h 为应力波传播距离。

当应力波透过直接顶岩体到达支架上时，根据应力波透射公式 $\sigma_T = \dfrac{A_1}{A_2} T' \sigma$，可求得支架所受冲击动荷载为：

$$F_z = \frac{A_1}{A_2} T' F'$$

$$= \frac{2\rho_z c_z A_0 \rho_0 c_0 A_a \rho_a c_a}{e^{a'h}(\rho_z c_z + \rho_a c_a)(A_0 \rho_0 c_0 + A_a \rho_a c_a)} \sqrt{\frac{6\sqrt{2}\, u_0 (1-K)^{1/2}}{g}} \tag{2-38}$$

式中，$T' = \dfrac{2\rho_z c_z A_z}{\rho_z c_z A_z + \rho_a c_a A_a}$，为透射系数，由于直接顶宽度和支架控顶距相等，因此有 $A_z = A_a$，$T' = \dfrac{2\rho_z c_z}{\rho_z c_z + \rho_a c_a}$。

在冲击过程中，支架的压缩变形符合胡克定律，即 $F_z = k_1 \Delta w$，代入式(2-38)可计算出冲击过程中的支架压缩量：

$$\Delta w = \frac{F_z}{k_1}$$

$$= \frac{2\rho_z c_z A_0 \rho_0 c_0 A_a \rho_a c_a}{k_1 e^{a'h}(\rho_z c_z + \rho_a c_a)(A_0 \rho_0 c_0 + A_a \rho_a c_a)} \sqrt{\frac{6\sqrt{2}\, u_0 (1-K)^{1/2}}{g}} \tag{2-39}$$

系统失稳后的支架压缩量包括两部分，即失稳前的压缩量 w 和失稳时冲击动荷载造成的压缩量 Δw。因此，支架压缩量 S 可表示为：

$$S = w + \Delta w = \frac{1}{K}\Big[1 + \frac{ql}{2\lambda u_1 \mathrm{e}^{-2}} + \frac{\sqrt{2}}{3}(1 - K)^{3/2}\Big]2u_0 +$$

$$\frac{2\rho_z c_z A_0 \rho_0 c_0 A_a \rho_a c_a}{k_1 \mathrm{e}^{a'h}(\rho_z c_z + \rho_a c_a)(A_0 \rho_0 c_0 + A_a \rho_a c_a)}\sqrt{\frac{6\sqrt{2}\,u_0(1-K)^{1/2}}{g}} \qquad (2\text{-}40)$$

系统突变过程中支架所受荷载为：

$$P_m = k_1 S = 2\lambda_1 u_0\Big[1 + \frac{ql}{2\lambda u_1 \mathrm{e}^{-2}} + \frac{\sqrt{2}}{3}(1 - K)^{\frac{3}{2}}\Big] +$$

$$\frac{2\rho_z c_z A_0 \rho_0 c_0 A_a \rho_a c_a}{\mathrm{e}^{a'h}(\rho_z c_z + \rho_a c_a)(A_0 \rho_0 c_0 + A_a \rho_a c_a)}\sqrt{\frac{6\sqrt{2}\,u_0(1-K)^{1/2}}{g}} \qquad (2\text{-}41)$$

由以上分析可知，当基本顶-直接顶-支架-架后矸石系统突变失稳时，支架的荷载由两部分组成，即系统突变前的静荷载和失稳时的冲击动荷载。

系统失稳前，在上覆岩层荷载作用下，直接顶岩体被压缩产生非线性变形，同时，上覆岩层荷载和直接顶岩体重力也对支架产生作用力，支架和直接顶岩体共同承担上覆岩层的荷载作用。分析支架荷载表达式（2-41）可知，在静荷载作用下，支架荷载主要与上覆岩层荷载 q、基本顶周期来压步距 l、刚度比 K 及直接顶岩体的物理力学性质有关。当其他参数一定时，上覆岩层荷载、基本顶周期来压步距越大，支架所受静荷载就越大；当支架刚度一定时，对直接顶岩体来说，其应变软化特性越强，弹性模量越大，对应的 λ_1 越大，刚度比 K 就越小，支架所受静荷载越大；另外，合理增大支架刚度 k_1，可使支架工作阻力增加，刚度比 K 增大，支架所受荷载减小，并且其所能承受荷载的能力增强。

在冲击动荷载作用下，支架荷载除了与支架、直接顶、基本顶的物理力学性质有关外，还与直接顶岩体节理、裂隙的发育程度及直接顶厚度 h_z 有关。直接顶岩体的突跳压缩量 Δu 决定质点的振动速度 v，在其他参数一定时，直接顶岩体受峰值荷载时对应的应变 u_0、刚度比 K 越大，突跳压缩量越大，质点的振动速度越大，冲击动荷载也就越大。直接顶的节理、裂隙发育程度决定应力波衰减系数 a'，直接顶越破碎，应力波在岩体中传播的速度越慢，衰减越快，应力波衰减系数 a' 就越大，作用到支架上的冲击动荷载也就越小。而直接顶厚度 h_z 决定应力波的传递距离，直接顶厚度越大，应力波传播的距离越

大,其衰减系数也越大,作用到支架上的冲击动荷载也就越小;直接顶厚度越
小,应力波传播的距离越小,应力波衰减系数越小,作用到支架上的冲击动荷
载也就越大。这可合理地解释实际工程中直接顶较厚时不容易发生切落压架
事故,而直接顶较薄时容易发生切落压架事故的现象。总的来说,切顶时的支
架荷载除了与基本顶、直接顶和支架的物理力学性质有关外,还与上覆岩层荷
载 q、基本顶周期来压步距 l、直接顶厚度 h_z 等因素有关。

考虑支架的支护效率 μ,系统突变情况下保持工作面稳定所需的支架工
作阻力可表示为:

$$P_G \geqslant \frac{P_m}{\mu} = \frac{2\lambda_1 u_0}{\mu}\Big[1 + \frac{ql}{2\lambda u_1 e^{-2}} + \frac{\sqrt{2}}{3}(1-K)^{\frac{3}{2}}\Big] +$$

$$\frac{2\rho_z c_z A_0 \rho_0 c_0 A_a \rho_a c_a}{\mu e^{a'h}(\rho_z c_z + \rho_a c_a)(A_0 \rho_0 c_0 + A_a \rho_a c_a)}\sqrt{\frac{6\sqrt{2}u_0(1-K)^{1/2}}{g}} \qquad (2\text{-}42)$$

2.5.2　参数分析及现场应用

为深入分析突变失稳过程中上覆岩层沿煤壁切落对支架荷载造成的影
响,仍以神东矿区大柳塔煤矿 1203 工作面的具体工程地质情况为例,对支架
荷载与主要影响因素的关系进行深入分析,图 2-9 至图 2-11 分别为上覆岩层
荷载 q、基本顶周期来压步距 l、直接顶厚度 h_z 与支架荷载的关系曲线。

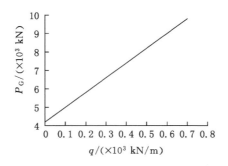

图 2-9　上覆岩层荷载与支架荷载关系曲线

分析图 2-9 和图 2-10 可知,系统突变失稳导致顶板沿煤壁切落压架过程
中,随着上覆岩层荷载和基本顶周期来压步距的增大,支架荷载呈现线性增大
趋势,这表明基本顶周期来压步距和上覆岩层荷载对支架荷载有较大影响作

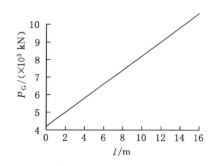

图 2-10　基本顶周期来压步距与支架荷载关系曲线

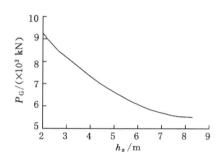

图 2-11　直接顶厚度与支架荷载关系曲线

用。针对浅埋煤层在高强度开采条件下的顶板破坏特征,通过控制高强度开采的条件,即选取合理的开采速度、开采高度和工作面长度对减小支架荷载及防止顶板切落失稳具有重要意义。

分析图 2-11 可知,随直接顶厚度 h_z 增大,系统失稳时支架荷载呈指数函数单调递减,直接顶岩体厚度主要通过控制冲击动荷载来影响支架荷载。由于直接顶厚度 h_z 决定应力波的传递距离,因此,直接顶厚度决定应力波的衰减程度,当直接顶厚度增大时,应力波衰减越迅速,冲击动荷载也就越小。另外,直接顶岩体节理、裂隙的发育程度也对应力波传播有重要的影响,直接顶岩体越破碎、厚度越大,作用到支架上的冲击动荷载就越小,越不容易发生切顶压架事故。因此,可通过控制直接顶来降低支架荷载,减少压架事故。

神东矿区大柳塔煤矿 1203 工作面采用 YZ3500-23/45 型掩护式液压支

架,该支架初撑力 2 700 kN,工作阻力 3 500 kN,最大控顶距 4.868 m,支撑效率 $\mu=0.9$。根据观测,基本顶周期来压过程中顶板沿工作面煤壁整体垂直切落,表现出明显的台阶下沉现象。通过计算可知,当工作面顶板沿煤壁切落时,支架需承担的荷载为 4 548.6 kN,超出支架 3 500 kN 的额定工作阻力,支架不能满足支护要求,顶板来压时易造成大面积压架事故。根据统计资料,大柳塔煤矿发生切顶事故时工作面中部数十架支架范围内顶板沿煤壁切落,且架前冒矸严重,来压期间支架工作阻力急剧增大,来压时间较短、来压猛烈、部分支架损坏、立柱胀裂;切顶发生后,工作面所对应地表出现明显台阶下沉,下沉量 0.4～0.7 m。因此,选择具有合理工作阻力的支架,对于防止浅埋煤层顶板沿煤壁切落具有重要的意义。

2.6　切顶过程数值模拟分析

以大柳塔煤矿 1203 工作面 1^{-2} 煤的工程地质条件为依据,采用 RFPA 数值模拟软件模拟分析工作面推进过程中顶板切落失稳的一般过程。

数值模型沿水平方向取 120 m,沿垂直方向取 100 m,划分为 240×200 也即 48 000 个单元格。按实际岩层赋存情况进行分层,考虑实际岩层中存在一些层理弱面,在岩层中预设层理来模拟实际情况。模拟工作面采高 3.5 m,工作面每步推进 10 m。模型边界条件,垂直方向为自重加载,上部为自由边界,水平方向为固定端约束,底端固定,模型只承受自重应力。开切眼位于距模型左边界 50 m 处,煤层从左至右开挖。图 2-12 为其中具有代表性的覆岩垮落的动态发展过程模拟结果。

开切眼形成之后,随着工作面的推进,采空区面积不断增大,在采动卸荷作用下,顶板岩体裂隙萌生、扩展[见图 2-12(a)],离层逐渐显现。随着顶板悬露面积的增大,顶板裂隙扩展加剧,在上覆荷载作用下不断弯曲下沉,当工作面推进 50 m 时顶板发生初次垮落[见图 2-12(b)],顶板的垮落区域距煤壁距离较近,实际工程中容易造成支架荷载突增等现象。随着工作面继续推进,由于工作面采高较大,顶板呈现"悬臂梁"状态,且随着"悬臂梁"悬伸长度的不断增大,卸荷作用使顶板岩层出现了回转变形现象,在拉剪应力作用下煤壁附近应力集中作用加剧,裂隙萌生[见图 2-12(c)]。随着工作面卸荷时间的延长,裂隙逐渐贯穿,造成顶板沿煤壁的切落[见图 2-12(d)],切落岩体垮落到采空区。

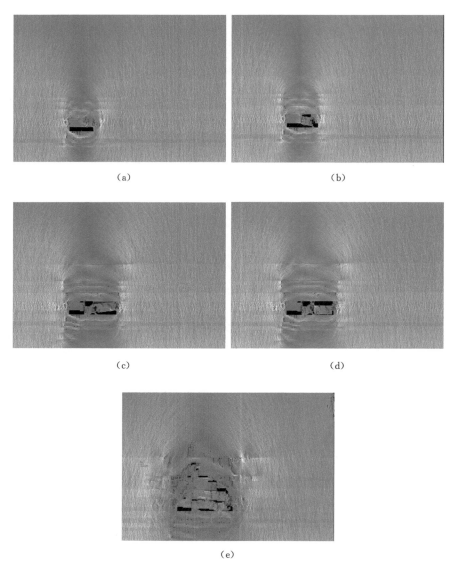

(a) 开采 40 m(step 4-7);(b) 开采 50 m(step 5-8);

(c) 开采 70 m(step 7-5);(d) 开采 70 m(step 7-10);(e) 开采 80 m(step 8-16)。

图 2-12　采动作用下覆岩垮落的动态发展过程

　　工作面继续往前推进,采空区面积继续增大,上覆岩层离层量不断增大,采动裂缝带不断往上位岩层扩展,裂隙扩展、贯通造成了应力的释放和转移,加速了上方岩层损伤区域的扩展。当裂隙贯穿顶板岩层时,顶板沿着煤壁大范围切落,如图 2-12(e)所示。顶板岩层切落范围不断扩展至上方岩体,造成了上位多层岩体在煤壁附近的整体性切落。垮落的覆岩充填了采空区,也造成了底板的变形破坏。

第3章 浅埋煤层顶板切落压架的断裂力学分析

本章针对浅埋煤层高强度开采下基本顶易形成"悬臂梁"结构切落压架的特征,建立含中心斜裂纹的基本顶岩梁破断的力学模型,应用断裂力学理论推导基本顶岩梁的应力强度因子表达式及基本顶周期来压步距和支架工作阻力计算式,分析裂纹倾角对应力强度因子的影响作用及基本顶周期来压步距的主要影响因素,揭示顶板切落压架发生的内在机理;应用薄板理论建立裂纹板力学模型,利用断裂力学和弹塑性力学理论简要分析长壁工作面方向上的顶板垮落及来压特征;并结合工程实例,计算支架工作阻力的合理值。

3.1 引　　言

神东矿区的浅埋煤层埋深大部分集中在 $100\sim150$ m,埋深浅、基岩薄和上覆松散砂层厚[18]是该矿区煤层赋存的主要特点。在目前的大采高、高速推进和长工作面的高强度开采条件下,覆岩垮落的高度随之增加。破断块体的回转角度过大,使岩梁很难形成稳定的"砌体梁"结构,常常呈现悬臂垮落的现象,形成"悬臂梁"结构。破断块体得不到有效的支撑,回转变形使支架承受较大的荷载,常常造成支架被压死,矿压显现剧烈,给煤矿安全生产带来诸多隐患。

国内外专家学者在浅埋煤层矿山压力研究方面取得了大量的成果[18,26,74,119,132]。但他们一般都将顶板岩梁假定为均匀连续介质来建立顶板的结构模型,通过岩石力学或者材料力学的有关理论和研究方法对顶板岩梁的稳定性进行分析。煤层开采引起覆岩变形-破断-移动是顶板大面积切落和突水溃砂等地质灾害以及水土流失等环境损伤的根源,其中,采动岩体裂隙演化贯通与岩层破断密切相关。在实际工程中,岩体在长期的地质构造运动作用下,内部存在大量不规则且长短不一的裂隙、节理和小规模断层,使岩体完整性受到破坏,虽然裂纹数量较多,但是往往是一条主控裂纹对岩梁的破断起到关键性的作用。

在浅埋厚煤层开采过程中,因采高较大,采空区垮落填充不充分,基本顶岩梁在上覆荷载作用下破断回转,在此过程中顶板岩体内部的裂纹发育、扩展、贯通,使基本顶成为带裂纹的岩梁(见图 3-1)。在裂纹未完全贯通顶板之前,可假定基本顶为带裂纹的悬臂梁,在外荷载作用下裂纹扩展贯通,裂纹扩展贯通的过程就是基本顶岩梁回转失稳的过程。因此,可以通过断裂力学中研究裂纹的方法来研究基本顶岩梁的垮落及支护条件。陈忠辉教授等[28]研究了基本顶岩梁存在单边且垂直岩梁的裂纹时的断裂力学模型,并推导了基本顶的断裂步距及支架的合理工作阻力,但在实际岩体中,裂纹一般都存在于岩体内部,且与岩梁有一定的夹角,故其所推导的结果不具有普遍适用性。因此,研究岩体内部存在斜裂纹时的基本顶岩梁破断情况具有较大的实际意义。

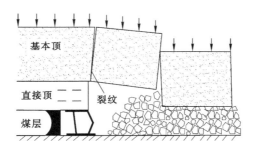

图 3-1　基本顶断裂模型

针对斜裂纹,国内学者[133-143]通过理论推导、物理模拟实验及数值模拟方法做了大量的研究工作。然而他们的研究成果大多基于理想化的结构模型,没有考虑实际的工程地质情况,难免会存在一定的误差。

本章拟根据浅埋煤层工作面基本顶岩梁破断的具体情况,采用断裂力学的有关理论及分析方法,建立含中心斜裂纹的基本顶岩梁破断的力学模型,求解斜裂纹扩展时的应力强度因子,分析斜裂纹倾角变化对应力强度因子的影响作用,推导含斜裂纹条件下的基本顶周期来压时的断裂步距(周期来压步距)及支架工作阻力的表达式,并作进一步分析。

3.2 基本顶岩梁的断裂力学模型

在浅埋厚煤层高强度开采条件下,由于采高较大,采空区矸石不能对基本顶岩梁起到有效的支撑作用,破断块体的回转角度过大,在采空区上方的基本顶形成带裂纹的"悬臂梁"结构。根据"悬臂梁"受力特点,建立如图 3-2 所示的断裂力学模型,图中,q 为上覆岩层荷载,Q 为支架的支承作用力,T 为相邻块体的水平挤压力,l 为"悬臂梁"长度,β 为基本顶岩梁斜裂纹倾角。

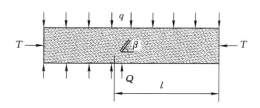

图 3-2　基本顶岩梁断裂力学模型

在开采过程中,基本顶岩梁中的主控裂纹控制基本顶损伤破坏的发展。基本顶岩梁中的裂纹是受复杂荷载作用的复合型裂纹,通常被认为是压剪裂纹。在"悬臂梁"结构下,基本顶岩梁承受的荷载主要为上覆岩层荷载 q、支架的支承作用力 Q 和岩梁两侧受到的水平挤压力 T。

将基本顶岩梁视为带中心斜裂纹的有限板模型,由于基本顶岩梁受复杂荷载作用,因此,需要分解成几个简单的荷载模型以综合考虑裂纹的应力强度因子(见图 3-3)。设裂纹长度为 a,岩梁厚度为 h。将复合型应力作用下的岩梁分解成拉应力、剪应力和弯矩作用下的含中心斜裂纹有限板应力强度因子计算模型。将水平挤压力 T 分解成作用在顶板横截面上的均布拉应力 σ,其中,$\sigma = -T/h$;将上覆岩层荷载分解成集中力 ql 和弯矩 M,其中,ql 与支架支承作用力 Q 的合力形成对岩梁的剪力,弯矩 M 作用在岩梁的两端。

根据有限板模型公式,各种简单荷载作用下的应力强度因子计算公式[144]如下。

(1)岩梁中的斜裂纹在水平挤压力作用下的应力强度因子计算[见图 3-3(a)]。

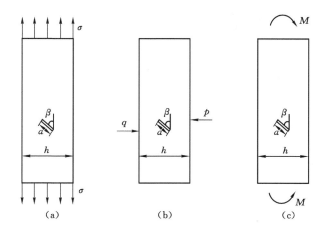

（a）拉应力作用；（b）剪应力作用；（c）弯矩作用。

图 3-3　基本顶岩梁断裂的静力等效简图

　　根据弹性力学理论，将作用力转化成裂纹面上的作用力（见图 3-4）。根据应力强度因子计算公式可求得：

$$K_{\mathrm{I}\sigma} = \frac{\sigma\sqrt{2\pi a}}{2}F_{\sigma}(a/h)\sin^2\beta \tag{3-1}$$

$$K_{\mathrm{II}\sigma} = \frac{\sigma\sqrt{2\pi a}}{2}F_{\sigma}(a/h)\sin\beta\cos\beta \tag{3-2}$$

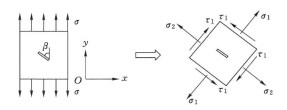

图 3-4　水平挤压力引起的应力强度因子计算简图

将 $\sigma = -T/h$ 代入式（3-1）和式（3-2）得：

$$K_{\mathrm{I}\sigma} = -\frac{T}{h}\frac{\sqrt{2\pi a}}{2}F_{\sigma}(a/h)\sin^2\beta \tag{3-3}$$

$$K_{\mathrm{II}\sigma} = -\frac{T}{h}\frac{\sqrt{2\pi a}}{2}F_{\sigma}(a/h)\sin\beta\cos\beta \tag{3-4}$$

式中，$F_{\sigma}(a/h)=1+0.128(a/h)-0.288(a/h)^2+1.525(a/h)^3$。

（2）岩梁中的斜裂纹在集中力作用下的应力强度因子计算［见图 3-3(b)］。

将顶板的集中力和支架支承作用力对裂纹的剪力，简化成含裂纹顶板在单轴压缩作用下的受力模型，剪力的合力 $p=ql-Q$。则：

$$K_{\text{II}}=F_{\tau}(ql-Q)\frac{\sqrt{2\pi a}}{2}\sin\beta\cos\beta \qquad (3\text{-}5)$$

（3）岩梁中的斜裂纹在弯矩作用下的应力强度因子计算［见图 3-3(c)］。

斜裂纹受弯矩作用问题采用与受水平挤压力作用相同的简化方式，如图 3-5 和图 3-6 所示，其中，$\sigma_x=6ql^2xh^{-3}$，$x\in(-h/2,h/2)$。将弯矩进行分解，分解得到的剪应力相互抵消，略去不计。只考虑 σ 作用下的应力强度因子计算问题。

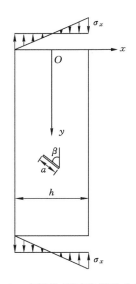

图 3-5　弯矩作用下岩梁受力简图

$$K_{\text{I}M}=F_M\sigma\frac{\sqrt{2\pi a}}{2}\sin^2\beta \qquad (3\text{-}6)$$

σ 是 $x=a$ 时 σ_x 的值，将 $\sigma=6ql^2ah^{-3}$ 代入式(3-6)得：

$$K_{\text{I}M}=F_M\frac{3\sqrt{2\pi a}}{h^3}ql^2a\sin^2\beta \qquad (3\text{-}7)$$

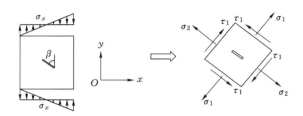

图 3-6　弯矩引起的应力强度因子计算简图

岩梁斜裂纹尖端的应力强度因子是以上三种简单荷载作用下的应力强度因子的叠加,即

$$\begin{cases} K_{\mathrm{I}} = F_M \dfrac{3\sqrt{2\pi a}}{h^3} ql^2 a \sin^2\beta - \dfrac{T}{h}\dfrac{\sqrt{2\pi a}}{2} F_\sigma(a/h)\sin^2\beta \\[3mm] K_{\mathrm{II}} = F_\tau(ql-Q)\dfrac{\sqrt{2\pi a}}{2}\sin\beta\cos\beta - \dfrac{T}{h}\dfrac{\sqrt{2\pi a}}{2} F_\sigma(a/h)\sin\beta\cos\beta \end{cases}$$

$$(3\text{-}8)$$

分析式(3-8)可知,裂纹尖端的应力强度因子主要与裂纹倾角、裂纹长度和岩梁厚度有直接关系。裂纹长度越大,顶板越容易破断。随着裂纹倾角 β 的增大,K_{I} 先增大后减小,当 $\beta=90°$ 时 K_{I} 达到最大,此后逐渐减小;K_{II} 随着裂纹倾角 β 的增大亦先增大后减小,在 $\beta=45°$ 时达到最大,此后逐渐减小。岩梁的破断往往是由一条主控裂纹控制的,构造运动使岩梁中分布倾角不规则和长短各异的裂纹,造成岩梁的断裂呈现波动性变化趋势,使顶板岩梁的初次破断和周期性破断产生离散性变化。

由式(3-8)可知,岩梁所受外荷载中,水平挤压力 T 引起Ⅰ和Ⅱ型裂纹的应力强度因子;上覆岩层的集中力 ql 和支架的支承作用力 Q 对裂纹起剪切作用,引起Ⅱ型裂纹的应力强度因子;弯矩引起Ⅰ型裂纹的应力强度因子。

根据测试研究[145],岩石及混凝土压剪断裂的判据为:

$$\lambda \sum K_{\mathrm{I}} + \left| \sum K_{\mathrm{II}} \right| = K_c \qquad (3\text{-}9)$$

式中,λ 为裂纹扩展的压剪比系数;K_c 为岩石的断裂韧性。将式(3-8)代入式(3-9)可得:

$$\lambda \left[F_M \frac{3\sqrt{2\pi a}}{h^3} q l^2 a \sin^2 \beta - (T/h) \frac{\sqrt{2\pi a}}{2} F_\sigma (a/h) \sin^2 \beta \right] +$$

$$\left| F_\tau (ql - Q) \frac{\sqrt{2\pi a}}{2} \sin \beta \cos \beta - (T/h) \frac{\sqrt{2\pi a}}{2} F_\sigma (a/h) \sin \beta \cos \beta \right| = K_c$$

$$(3-10)$$

由式(3-10)可计算出基本顶岩梁周期来压时的断裂步距：

$$l = h^3 \frac{-\dfrac{F_\tau q}{\tan \beta} + \sqrt{\dfrac{(F_\tau q)^2}{\tan^2 \beta} + 6 F_M \lambda q a \left[\dfrac{F_\sigma \lambda T a}{h^2} + \dfrac{F_\sigma \lambda T a}{2h^2 \tan \beta} + \dfrac{F_\tau Q}{\tan \beta} + \dfrac{K_c \sqrt{2}}{\sqrt{\pi a} \sin^2 \beta} \right]}}{12 F_M \lambda q a}$$

$$(3-11)$$

由材料力学相关理论推导出的顶板岩梁周期来压时的断裂步距见式(3-12)，其中，R_T 为顶板岩梁的极限抗拉强度。

$$l = h \sqrt{R_T / 3q} \qquad (3-12)$$

基本顶的周期来压步距按照其"悬臂式"折断来确定。由断裂力学相关理论推导出的岩梁断裂步距表达式(3-11)比按材料力学相关理论推导得到的表达式(3-12)复杂得多。因为采用断裂力学相关理论推导时考虑了更多的影响因素，结合了现场的实际情况，多考虑了主控裂纹倾角、裂纹长度 a、顶板岩梁的水平挤压力 T 及支架的支承作用力 Q；而采用材料力学相关理论推导只考虑了均布荷载作用下岩梁的弯曲及拉伸断裂形式。

由式(3-11)可知，在浅埋煤层中，随岩梁主控裂纹倾角 β 的增大，断裂步距 l 呈先减小后增大的趋势，在 $\beta = 90°$ 时达最小；岩梁的水平挤压力 T 本身就比较小，随着水平挤压力 T 的减小，断裂步距 l 逐渐减小；断裂步距 l 与岩梁厚度和裂纹长度的比值 h/a 成正比，与上覆岩层荷载 q 成反比，随着支架支承作用力 Q 的增大而增大。另外，支架与斜裂纹的相对位置也对顶板岩梁的破断和回转有一定的影响，当斜裂纹位于支架的后方时，顶板岩梁容易破断，当斜裂纹位于支架的上方或前方时，顶板岩梁不易破断。式(3-11)可变为支架支承作用力与岩梁断裂步距的关系式(3-13)。当裂纹在岩梁上部或前方失稳扩展时，需要提高支架的工作阻力才能保持岩梁的稳定。为了减小增加支架工作阻力带来的经济损失，在实际工作面推进过程中通常通过加快推进速度来使基本顶在架后切落，滑落到采空区，以避免对支架的冲击破坏。

$$Q = \frac{\lambda}{F_\tau}\left[\frac{F_M 6ql^2 a\tan\beta}{h^3} - \frac{F_\sigma Ta\tan\beta}{h^2} \right] + ql - \frac{F_\sigma Ta}{F_\tau h^2} - \frac{2\sqrt{2}\,K_c}{F_\tau \sin 2\beta\sqrt{\pi a}}$$

$$(3\text{-}13)$$

3.3　影响因素分析

为了分析基本顶岩梁断裂的变化规律,对影响其破坏的主要参数进行分析。分别取裂纹倾角 β、上覆岩层荷载 q、支架的支承作用力 Q 和岩石的断裂韧性 K_c,结合大柳塔煤矿 1203 工作面的实测数据进行计算分析。结果如图 3-7 所示。

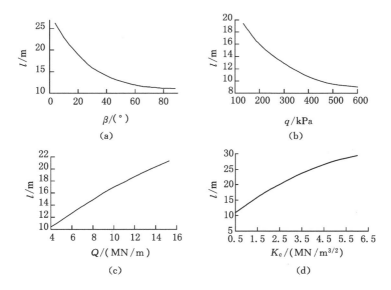

（a）断裂步距与裂纹倾角的关系；（b）断裂步距与上覆岩层荷载的关系；
（c）断裂步距与支架支承作用力的关系；（d）断裂步距与岩石断裂韧性的关系。

图 3-7　基本顶断裂步距 l 与各参数的关系曲线

分析图 3-7 可知:当裂纹倾角在 0°~90°区间内变化时,断裂步距随着裂纹倾角的增大而减小,当倾角等于 90°时断裂步距达到最小;当裂纹倾角在 90°~180°区间内变化时,断裂步距变化趋势与 0°~90°区间内变化趋势呈对称分布,即随着裂纹倾角的增大断裂步距逐渐增大。断裂步距随断裂韧性和支架支承作用力的增大而逐渐增大,随基本顶上覆岩层荷载 q 的增大而减小。另外,断裂步距还与基本顶岩梁厚度和裂纹长度的比值 h/a 成正比,随水平挤压力 T 的增大而增大。

3.4　工程实例分析

　　石圪台煤矿 31201 工作面煤层厚度为 3.9～4.3 m,埋深为 103～137 m,选用的支架型号为 ZY18000/25/45D,该支架额定工作阻力为 18 000 kN,共布置 156 台。实测 31201 工作面平均周期来压步距为 11.6 m;基本顶岩梁的斜裂纹平均长度为 3.2 m,倾角 $\beta=65°$,裂纹扩展的压剪比系数 $\lambda=1$;基本顶岩梁的断裂韧性 $K_c=1.05$ MN/m³ᐟ²;基本顶承受上覆岩层的荷载 $q=0.37$ MPa;因水平挤压力 T 较小,忽略不计。将上述数据代入式(3-3)至式(3-6)及式(3-13)可得 $Q=15$ 790 kN,现场实测支架最大工作阻力为 15 348 kN,该型号支架可以满足对基本顶支承的要求。图 3-8 为实测的支架阻力随工作面推进的结果。

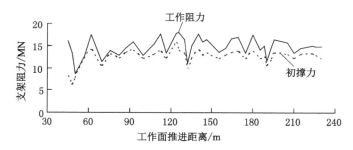

图 3-8　31201 工作面支架阻力与工作面推进距离关系曲线

3.5　长壁工作面顶板来压规律

　　工作面推进方向上的矿压显现规律主要以梁或拱的结构形式来进行解释和研究,然而由于工作面长度方向上两侧煤柱的支承作用,上覆岩层并不可能完全按梁的形式运动,特别是在长工作面条件下,无法对工作面端部和中部矿压显现的差异性作出合理解释。钱鸣高等利用薄板模型解释采场围岩破坏规律和矿压显现特征,将采空区顶板简化成均布荷载下四周固支的薄板,并将塑

性力学分析方法应用到薄板破坏过程的分析中,建立了初次来压时薄板的
"O-X"形破坏模型(见图 3-9),周期来压时薄板的半 X 形破坏模型[132,146]。在
当时的开采条件下,该模型能够解释工作面中部和端部的矿压特征,但是对长
壁工作面矿压的局部、分段、迁移特征不能作出合理解释。实际工程中的工作
面周期来压步距一般为 10~20 m,悬臂薄板的长度也在 10~20 m 之间,而当
前的开采条件下长壁工作面长度甚至超过 300 m,工作面长度与基本顶悬臂
长度比最高可达到 30:1,在这种条件下,煤层开采后悬露的基本顶不再是简
单的矩形板,"O-X"形破坏模型显然不能反映这类顶板破坏的真实情况。陈
忠辉教授提出的铰接板力学模型解释了长壁工作面矿压显现的一般规律,但
随着工作面采高的不断增大,垮落的矸石在较短的时间内不可能充填满采空
区,架后矸石不能对顶板形成有效的支撑,顶板的回转量增大,无法形成稳定
的"砌体梁"结构,而常常呈现"悬臂梁"结构[147],且我国各矿区的地质条件不
同,顶板强度大小不一,裂隙、节理、小断层等很难贯穿顶板,因此铰接板模型
是否适用于解释浅埋煤层大采高长壁工作面的顶板垮落规律存在疑问。据凯
达煤矿 3603 工作面和石圪台煤矿 31201 工作面等的矿压统计资料,在大采高
条件下工作面长度方向上的矿压显现仍然遵循局部、分段和迁移特征,因此需
要建立新的分析模型来解释这种来压规律。

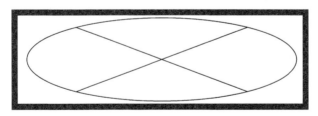

图 3-9　采场围岩破坏的"O-X"形模型

　　长壁工作面顶板内部都不同程度地存在着节理、裂隙、小断层等缺陷,这
些缺陷具有明显的尺度效应,尺度较大的岩石内部包含的缺陷也就越多,显示
出较强的非线性和非连续性特征。这些缺陷尺度较小,因基本顶的厚度一般
在 6~10 m,除非有大尺度断层,否则一般很少能够贯穿基本顶。因此,可以
认为这些缺陷大部分隐伏于煤岩中。根据以上分析及煤层的开采特点,可以
将顶板看成一个含有有限条边裂纹的薄板组模型,由于断层和节理分布的随
机性,裂纹的位置可能各不相同、随机分布。为方便计算,将周期来压过程中

的采场围岩简化为如图3-10所示模型。该薄板组模型两端固支；煤壁附近由于顶板中已有超前断裂裂缝存在可设为简支结构；另一侧由于采高较大，底部无支承作用，简化为自由边；模型上部受到上覆岩层的均布荷载作用。

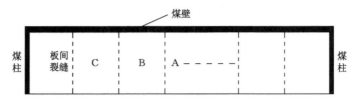

图 3-10　含边裂纹顶板薄板组模型

　　岩层内部存在各种缺陷，造成其强度不一，随着工作面的推进，顶板悬空面积越来越大，所受的支承作用力越来越小，在上覆岩层荷载作用下，根据弹性力学中的薄板理论，薄板的弯曲挠度越来越大，薄板内部应力也逐渐增大。当薄板内部的应力达到岩石的极限强度时，板中边裂纹应力集中区发生破坏，裂纹扩展。裂纹扩展首先发生在顶板的自由边部位，因为该区域无支承作用力，且变形较薄板的其他区域大，之后其他部位裂纹相继扩展，直至整个顶板［见图3-11（a）］，为顶板破坏的裂纹扩展阶段。随着裂纹的扩展和顶板的回转变形，薄板中性面下部受拉形成拉应力区、上部受压形成压应力区，压应力区产生塑性变形，薄板靠近自由边裂纹处首先进入塑性状态，发生初始破坏，而后沿薄板宽度方向扩展逐渐形成塑性铰；但随着工作面的推进顶板裂纹区域破坏加剧，塑性铰逐渐破坏，形成铰接板结构［见图3-11（b）］，最后薄板上的塑性铰全部破坏，为顶板破坏的塑性铰失效阶段。随着顶板变形的增大，薄板裂纹进一步扩展，使塑性铰传递力矩的能力降低，塑性铰逐渐失效，继而形成两块相互铰接的薄板；随着顶板的进一步变形，薄板铰接点处的摩擦力无法承受上覆岩层的荷载作用，铰接板结构破坏，薄板发生大规模的回转变形，造成顶板来压［见图3-11（c）］，为顶板破坏的铰接板失稳阶段。

　　此后，工作面长度方向上集中应力向两侧转移，顶板按照这一过程循环变形破坏。但是岩体内部强度的差异，造成板与板之间强度的差异，使得薄板最初的破坏失稳位置有可能在板中也可能在板端，造成薄板的失稳破坏从中心向两端或从一端向另一端扩展，或薄板一部分失稳后其余部分达到稳定状态，因而造成大采高长壁工作面顶板来压的局部、分段和迁移特征。

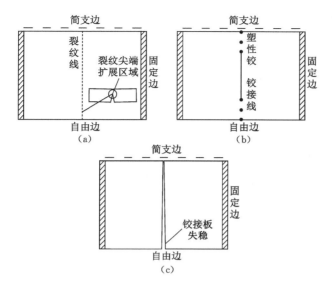

（a）裂纹扩展阶段；（b）塑性铰失效阶段；（c）铰接板失稳阶段。

图 3-11　薄板破坏的各阶段简图

（截取薄板中的一条裂纹，由于有弯矩和竖向荷载，假设两侧边界为固定边）

3.5.1　裂纹的扩展

从边裂纹发生扩展开始到塑性铰形成为顶板破坏的第一阶段。在该阶段，随着工作面的推进，含裂纹的薄板在自重及上覆岩层荷载作用下发生回转变形，使其中性面下部受拉、上部受压，裂纹尖端附近形成拉应力区而造成裂纹的扩展，上部形成压应力区。

为研究薄板边裂纹的扩展，首先计算裂纹扩展的初始条件。在模型中截取任意一段含中心裂纹的薄板为研究对象（见图 3-12），其中，设薄板宽度为 L，长度为 l，高度为 $2h$，裂纹长度为 a。薄板受到弯矩 M、剪力 F 和均布荷载 q 的作用。

为简化计算，沿薄板纵向取一单位长度，将其简化成梁的形式进行受力分析，如图 3-13 所示。

由于岩梁受复杂的荷载作用，因此需要分解成由均布荷载和弯矩组成的荷载模型以综合考虑裂纹的应力强度因子。根据有限板模型公式，各种简单荷载作用下的应力强度因子计算[144]如下。

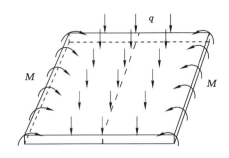

图 3-12 基本顶岩层局部受力图

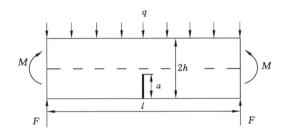

图 3-13 薄板裂纹扩展的力学模型

（1）均布荷载作用下的应力强度因子

为方便计算，将均布荷载等效成集中荷载，将模型简化成三点应力作用下的力学模型，即三点弯曲梁，见图 3-14。

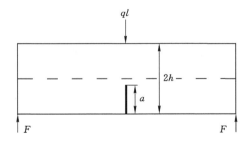

图 3-14 集中荷载作用下的力学模型

引入由徐世烺提出的双 K 断裂准则[148]。由于双 K 断裂准则是针对混凝土中裂缝的分析方法，是基于高度达 2 m 以上的混凝土的研究成果，断裂力学分析中常通过在混凝土中预制裂缝来模拟含裂隙岩体的破坏过程[149-150]，且基本顶岩层厚度较大（厚度一般超过 2 m），因此可借鉴双 K 断裂准则的分析成果。但是由于岩石和混凝土还有一定的差别，因此引入系数 f。

三点弯曲梁的起裂韧度 K_{Ic}^{ini} 为：

$$K_{Ic}^{ini} = f\, \frac{3P_{ini}l}{8h^2}\sqrt{a_0}\, F_2\left(\frac{a_0}{2h}\right) \tag{3-14}$$

其中：

$$F_2\left(\frac{a_0}{2h}\right) = \frac{1.99 - \left(\frac{a_0}{2h}\right)\left[2.15 - 3.93\frac{a_0}{2h} + 2.7\left(\frac{a_0}{2h}\right)^2\right]}{\left(1 + \frac{a_0}{2h}\right)\left(1 - \frac{a_0}{2h}\right)^{3/2}}$$

当 $K_{qI} = K_{Ic}^{ini}$ 时裂纹开始扩展，上覆岩层荷载对应于裂纹的起裂荷载 P_{ini}，因此式（3-14）可表示为：

$$K_{qI} = K_{Ic}^{ini} = \frac{3fql^2}{8h^2}\sqrt{a_0}\, F_2\left(\frac{a_0}{2h}\right) \tag{3-15}$$

（2）弯矩作用下的应力强度因子

弯矩 M 作用下的梁的力学模型见图 3-15。根据《应力强度因子手册》，弯矩作用下的应力强度因子为：

$$K_{MI} = \frac{3MF_M}{2h^2}\sqrt{\pi a} \tag{3-16}$$

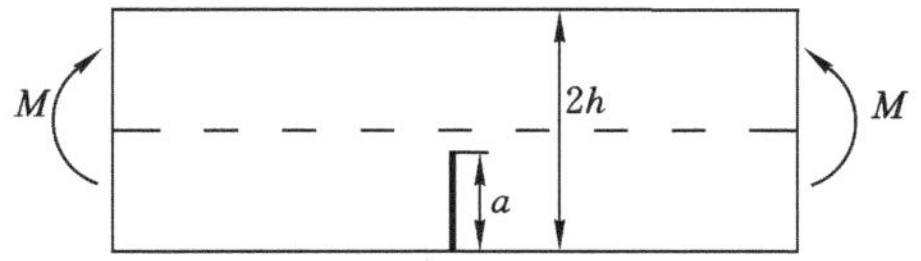

图 3-15　弯矩作用下的力学模型

其中：

$$F_M = 1.122 - 1.4\left(\frac{a}{c}\right) + 7.33\left(\frac{a}{c}\right)^2 - 13.08\left(\frac{a}{c}\right)^3 + 14\left(\frac{a}{c}\right)^4$$

裂纹尖端的应力强度因子是以上两种简单荷载作用下的应力强度因子的叠加，又因薄板长度为 L，因此促使其裂纹扩展的应力强度因子为：

$$K_I = (K_{MI} + K_{qI})L = \frac{3fqLl^2}{8h^2}\sqrt{a_0}\, F_2\left(\frac{a_0}{2h}\right) + \frac{3LMF_M}{2h^2}\sqrt{\pi a} \tag{3-17}$$

根据大量测试研究[145]，岩石或混凝土压剪断裂的判据为：

$$\lambda \sum K_{\text{I}} + \left| \sum K_{\text{II}} \right| = K_c \qquad (3\text{-}18)$$

式中，λ 为裂纹扩展的压剪比系数；K_c 为岩石或混凝土的断裂韧性。

将式（3-17）代入式（3-18）可得裂纹的起裂荷载：

$$q = \frac{8h^2 \left(\dfrac{K_c}{\lambda} + \dfrac{3LMF_M}{2h^2} \sqrt{\pi a} \right)}{3fqLl^2 \sqrt{a_0} F_2 \left(\dfrac{a_0}{2h} \right)} \qquad (3\text{-}19)$$

在大采高开采情况下，随着工作面的推进，薄板的悬空面积增大，在上覆岩层荷载作用下薄板发生回转变形。根据弹性力学理论，薄板的弯曲挠度也越来越大，当满足裂纹尖端扩展时的应力强度因子 K_{I} 的条件，即上覆岩层荷载达到薄板中心裂纹的起裂荷载 q 时，中心裂纹发生扩展。根据工作面实际情况，由于薄板自由边处无支承作用力，变形较薄板的其他区域大，因此该区域薄板的中心裂纹首先发生扩展，而后裂纹扩展区域逐渐向薄板的纵向转移，薄板纵向边裂纹的其他区域也达到裂纹扩展的荷载条件，整个薄板的边裂纹都发生扩展。裂纹扩展使距离中性轴最远的部位首先进入塑性状态，此后塑性区逐渐扩大，直至整个截面全部进入塑性状态。

3.5.2 塑性铰的失效

从塑性铰的形成到其破坏为顶板破坏的第二阶段。在该阶段，裂纹扩展形成的塑性区使整个截面全部进入塑性状态，此时，薄板截面的曲率增大，形成塑性铰。根据强度理论，顶板裂纹上某点最先形成塑性铰（见图 3-16），而后塑性铰逐渐沿顶板宽度方向向两边扩展，最终在顶板宽度方向贯通[151-155]（见图 3-17），此时，板的弯矩达到最大，且板产生一定的转角。这一过程是塑性铰的形成过程。只要薄板不失去几何可变性，塑性铰就一直发展，直至薄板达到极限荷载而破坏。

薄板的塑性极限荷载即顶板失稳的荷载，超过该荷载薄板将发生塑性破坏。依据板的塑性极限荷载分析中的机动场理论[156]，板在破坏前的瞬间仍处于平衡状态，由虚功原理有[157]：

$$W_w = W_n \qquad (3\text{-}20)$$

式中，W_w 为外力做的总虚功；W_n 为板的总虚耗散能。

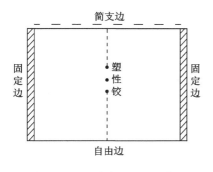

图 3-16　塑性铰的形成(简图)

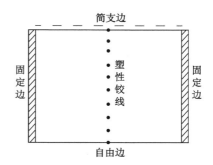

图 3-17　塑性铰的扩展(简图)

作用在塑性铰线单位长度上的弯矩 $M_s = \sigma_s (2h)^2 / 4$，$\sigma_s$ 为板屈服极限。顶板极限状态下的最大(中心)挠度为 w_s。铰接薄板为矩形，且只有一条塑性铰线，考虑薄板的边界条件，有两边是简支的，因此需要考虑固定边铰线所吸收的能量。则塑性铰线上的总虚耗散能为：

$$W_n = \sum_{i=1}^{m} \int_l M_s \theta \mathrm{d}l = \frac{12\sigma_s h^2 w_s L}{l} \tag{3-21}$$

式中，θ 为两截面的相对转角。

外荷载做的总虚功为：

$$W_w = \sum_{i=1}^{m} \int_A p^* \delta w \mathrm{d}A = \frac{p^* w_s l L}{2} \tag{3-22}$$

式中，p^* 为塑性铰破坏的极限荷载；δ 为塑性铰线的挠度；w 为板的挠度；A 为板的截面积。

将式(3-21)和式(3-22)代入式(3-20)可得顶板塑性铰破坏的极限荷载：

$$p^* = \frac{24\sigma_s h^2}{l^2} \tag{3-23}$$

此过程中，随着工作面的推进，顶板回转变形量持续增大，在薄板的塑性铰线形成之后，裂纹的继续扩展使顶板破裂区域不断增大，塑性区减小。当顶板的承载力达到塑性铰破坏的极限荷载 p^* 时，薄板塑性铰失效破坏，裂隙快速发展，形成宏观的断裂面，使薄板成为几何可变结构。此时，顶板内部已经破裂成为由两个薄板块组成的结构，塑性铰线破坏后由于板间的挤压摩擦力作用而成为铰接板结构，薄板之间的连接方式变为铰接，顶板完全破坏。之后，岩块变形主要为沿宏观断裂面的滑移失稳。

3.5.3 铰接板的失稳

从铰接板形成到其破坏失稳为顶板破坏的第三阶段。在顶板破坏的第二阶段结束后，薄板中心塑性铰失效，薄板成为几何可变结构，挠度增大，但是整体并没有失稳，而是由于板间的挤压摩擦作用而形成铰接板结构[见图 3-11(b)]。随着顶板回转变形量的增加，板间的连接作用降低，板间摩擦力减小，逐渐失去铰接板结构的作用力，顶板由于失去连接作用而整体下沉，垮落到采空区，即长壁工作面"悬臂梁"破断来压[见图 3-18(a)]。

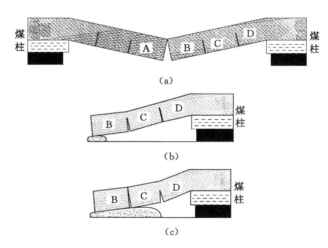

(a) A、B 岩块破断；(b) B、C 岩块破断；(c) C、D 岩块破断。

图 3-18　长壁工作面基本顶破坏运动过程简图

根据顶板垮落的特征及工作面支承情况，有时顶板会突然垮落，在瞬间形成大面积来压，造成切顶等来压事故；有时顶板垮落缓慢，来压较缓和，对工作面危害较小。这主要与支架和直接顶构成的组合结构对基本顶的支承作用有关。

长壁工作面顶板在工作面长度方向上的第一次垮落完成后，顶板分成了两个一边铰支一边固定的结构。在此之后由于应力转移，这两个结构产生应力集中，顶板再次经历裂纹扩展、塑性铰失效、铰接板失稳这三个破坏过程。该过程造成来压从工作面中部向两边迁移，形成长壁工作面周期来压过程中矿压显现的迁移特征[见图 3-18(b)和图 3-18(c)]。

但是由于岩体工程地质条件和裂纹宽度、大小的差异，顶板产生的变形和内部应力场各不相同，这往往会造成顶板的应变局部化现象，使应变集中的部位不再局限于长壁工作面顶板中部，而可能在顶板的任何薄弱位置，呈现局部的应力应变集中现象。当应力超过岩体材料的极限强度时，裂纹扩展，顶板局部破坏，之后应力释放、转移和重新调整。破坏区域的邻近区域所受影响最大，可能造成邻近区域破坏和应力释放，继而发生应力的转移。这个过程伴随着破坏区域的不断延伸，形成应变的迁移过程。因此，长壁工作面首次发生破断的位置也存在差异，不一定都从工作面中部破断。但是受顶板受力和变形特征影响，工作面中部顶板中的裂纹最先开裂而进入破坏状态，从而造成顶板在工作面中部首先垮落的概率大于其他部位。长壁工作面顶板的三阶段破坏过程持续进行，最后会有两种可能性：一种是铰接板全部破坏裂纹贯通，顶板全部垮落；另一种是铰接板没有全部破坏，其前方区域的应力应变均未超过极限值，铰接板破坏在进行到某一区域后就停止，这与工程实际中煤柱附近一般不出现压架现象相吻合，显然这种情况更接近实际。

3.5.4 工作面顶板来压分析

图 3-19 中各条曲线分别是应用 CDW-60 型支架压力记录仪实测得到的纳林庙煤矿一号井 $316^{-2上}04$ 综采工作面、纳林庙煤矿二号井 621-05 综采工作面和石圪台煤矿 $22^{上}204$ 综采工作面在回采期内的周期来压步距平均值曲线图。每 10 架支架布置 1 台支架压力记录仪，按照编号由小到大的顺序，位置分别对应于工作面的中下部、中部和中上部。三个工作面的地质条件比较稳定，煤层埋深浅，采高较大，破断顶板形不成"砌体梁"结构，而以"悬臂梁"结构形式存在，其周期来压步距较小，介于 10～14 m 之间[108]，属于浅埋煤层大采高工作面的典型特征。

分析三个工作面的平均周期来压步距监测曲线可知，纳林庙煤矿一、二号井的周期来压基本规律表现为，靠近工作面中下部的顶板首先破坏来压，来压表现为从工作面中下部向中上部迁移的特征；石圪台煤矿的周期来压基本规律表现为，工作面中部首先来压，然后向两边迁移。各工作面周期来压规律基本符合工作面长度方向上顶板垮落的迁移特征。顶板垮落的迁移规律验证了采场围岩裂纹板力学模型的正确性，即工作面长度方向上首先出现某一裂缝的扩展破坏，造成顶板的来压，而后影响周边顶板的边界支承条件，由于应力

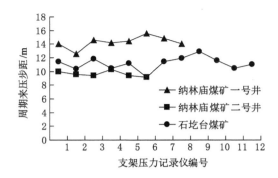

图 3-19 工作面周期来压步距变化曲线

迁移,周边顶板相继破坏,形成顶板垮落的迁移现象。监测结果能够很好地反映本书提出的长壁工作面顶板来压的迁移特征,与本书提出的浅埋煤层大采高工作面顶板破断的分析模型的分析结果相符合。

第 4 章　浅埋煤层高强度开采矿压显现规律分析

本章基于大柳塔煤矿 1203 工作面煤层的工程地质条件,采用 UDEC 数值模拟软件建立数值模型,对工作面不同推进速度和采高条件下的顶板矿压显现规律进行分析。分别研究高强度开采下顶板的来压特征、支承压力分布特征和位移特征。

4.1　引　　言

我国西部地区赋存大量的埋深在 150 m 以内的浅埋煤层,占到已探明煤炭储量的 1/3 以上,煤层赋存具有基岩薄、埋深浅和上覆松散砂层厚的典型特征[1]。随着我国浅埋煤层开采的机械化程度的提高,长工作面、大采高和快速推进的高强度开采方法在神东矿区得到普遍应用,这对于提高煤炭产量起到了积极的作用。但是由于浅埋煤层特殊的地质特征,煤层一次采出厚度的大幅度增大、工作面长度的增加和推进速度的增大必然导致覆岩破坏范围的加大,使煤层开采过程中顶板难以形成稳定的自承式结构,因而其矿压显现往往更加强烈且更加复杂,顶板容易出现台阶下沉,产生直至地表的全厚式切落,容易对支架形成冲击作用,造成切顶压架和突水溃砂事故,给矿山企业的安全生产带来诸多隐患。

为了使浅埋煤层得到安全高效开采,国内学者针对高强度开采下的矿压显现规律和支架-围岩关系进行了研究。王金安等[158]通过数值模拟方法研究了综采工作面推进速度对围岩应力环境的影响,指出工作面推进速度影响了围岩应力的转移过程,从而影响了围岩的变形破坏和应力重分布,适当增大工作面推进速度有利于安全生产。王磊等[159]通过实验和现场实测相结合的方法分析了推进速度对煤岩动力灾害的影响作用,指出高瓦斯工作面的推进速度不宜过快,突出煤层推进速度应低于 10 m/d,突出危险区推进速度应小于 7 m/d。王兆会等[160]通过数值模拟和理论分析方法研究了工作面高强度开采过程中上覆岩层的破坏过程和切顶压架的发生机理。谢广祥等[161]采用数值模拟和室内实验方法研究了工作面推进速度对综采工作面安全性的影响,指出适当加快推进速度有利于巷道的稳定。陈通[162]通过对综采工作面矿压的实测分析,认为工作面高速推进可以增大周期来压步距,减少来压次数,降低来压危害。马海峰等[163]通过现场实测手段研究了工作面推进速度对前方煤体应力的影响,指出适当加快工作面推进速度有利于保持巷道的稳定。杨敬虎[164]提出不同的推进速度对矿山压力的影响实质上是不同的加载速率和岩石形变速率相互作用的结果。杨胜利等[165]通过实验及理论分析方法研究指出,随着工作面推进速度增大,围岩发生动力灾变的概率增大,危害程度升高。梁东民等[166]指出,工作面低速推进时顶板应力峰值、位移量均较大,在高速推进时易发生切顶、岩爆等灾害事故。赵同彬等[167]指出,随着回采速度增大,顶板积聚及释放的能量呈指数增长,进而会造成煤矿的冲击地压。宋选民等[77]通过煤矿具体工作面的开采试验,指出浅埋煤层大采高工作面长度增加时矿压显现强度增大,顶板来压时的冲击荷载远超过支架的工作阻力。陈忠辉等[29]通过建立薄板组力学模型研究了长壁工作面矿压显现规律,解释了工作面长度方向上的矿压分段迁移特征。茅献彪等[168]、张杰[169]研究了采高对矿压显现的影响,指出增大采高会使来压步距减小,造成顶板台阶下沉量大,当松散层含水时,会使突水的概率增大。曾泰[170]指出,浅埋煤层大采高综采工作面支架末阻力随初撑力呈线性增长,沿工作面方向中部大、上部和下部小。金向阳等[171]指出,大采高工作面坚硬顶板来压剧烈,极易出现片帮冒顶事故。唐辉[172]通过相似材料模拟实验和现场监测分析研究了大采高工作面矿压显现规律,提出了浅埋煤层大采高工作面呈现大小周期来压的现象,小周期来压时岩层垮落角以主关键层为界呈上大下小分布,大周期来压时动载系数及超前支承压力峰值均增大。张立辉等[173]通过研究首个 8 m 大采高工作面矿压显现规律,指出随采高增大煤壁片帮严重,顶板来压呈现"大-小"不规则趋势,来压步距较小,矿压显现剧烈。张宏伟等[174]通过多种研究手段指出,随着采高的增大工作面超前支承压力的影响范围也不断增大,关键层的破断对矿压显现具有控制作用。刘洋等[175]研究指出,随着采高增大,工作面超前支承压力峰值增大且影响范围也增大,矿压显现更加剧烈。王创业等[176]

探讨了大采高条件下基本顶的破断特征,指出基本顶破断步距除与岩体特征有关外,还与采空区矸石及支架支承作用力有关。肖江等[177]指出,8.5 m 厚煤层综采时直接顶的破断步距比中厚煤层有所减小,基本顶的周期来压步距呈现大小交替式的变化特征。孔祥义等[178]综合采用多种方法研究了大采高开采煤壁片帮问题,并对片帮危险区进行了分类。杨胜利等[179]指出,大采高工作面初次及周期来压期间顶板形成类似"静定三铰拱"结构,结构失稳引起工作面顶板的动载冲击现象。

以上研究成果对于揭示工作面推进速度和采高增大时的矿压显现规律及支架工作阻力变化情况具有重要的意义,并得到了一些对工程实践具有指导意义的结论。但是在目前的高强度开采条件下,我国神东矿区综采工作面推进速度一般能达 15 m/d,有时甚至会超过 20 m/d,并且在工作面推进速度增大的同时,采高也不断增大,大柳塔煤矿 12306 工作面开采高度已达 7 m。在如此高的推进速度和大采高条件下,工作面的矿压显现会如何变化是尚未研究过的问题,而掌握高速推进和大采高工作面的矿压显现规律对神东矿区高产高效工作面的顶板控制及安全开采至关重要。因此,以神东矿区大柳塔煤矿 1203 工作面为例,通过数值模拟方法对工作面推进速度和采高增大时的矿压显现规律进行分析,以达到为工程实践提供借鉴的目的。

4.2　数值模型建立

4.2.1　工程地质条件

神东矿区大柳塔煤矿 1203 工作面开采 1^2 煤层,该煤层倾角为 3°,平均厚度为 6 m,埋深为 50～65 m;基岩上覆厚度为 15～30 m 的厚松散砂层,风化基岩厚度为 3 m;工作面长度为 150 m,采高为 4 m;采用 YZ3500-23/45 型液压支架,该支架额定初撑力为 2 700 kN,额定工作阻力为 3 500 kN。当工作面推进 23.62 m 时,顶板压力迅速增大,顶板沿着煤壁中部的切断长度达到了 90 m,使地面形成塌陷坑和裂缝带,造成矿井停产;恢复生产之后,随着采空区的不断增大,地面裂缝增多,凹陷范围也不断增大,裂缝宽度最大达到了 70 cm,下沉量最大达到了 2 335 mm。

采用数值模拟软件 UDEC 对工作面进行模拟分析。由于浅埋煤层工作

面的基岩和地表松散砂层为弹塑性地质材料,因此选用莫尔-库仑弹塑性模型,其屈服准则为[180]:

$$f_s = (\sigma_1 - \sigma_3) - 2C\cos\varphi - (\sigma_1 + \sigma_3)\sin\varphi \qquad (4-1)$$

式中,σ_1 为最大主应力;σ_3 为最小主应力;C 为土的黏聚力;φ 为土的内摩擦角。当 $f_s < 0$ 时,岩体将会发生剪切破坏。

数值模型走向长度为 200 m,垂直高度为 60 m,模拟至地表厚松散砂层。为消除边界效应对计算结果的影响,在模型两侧各留 50 m 煤柱,模型上边界为自由边界,底边界和左右边界位移固定。垂直地应力由岩体的密度、厚度和重力加速度确定,方向垂直向下;水平地应力等于岩石的侧压系数(与岩石泊松比相关)与垂直地应力的乘积,方向水平。大柳塔煤矿 1203 工作面煤岩体和节理面物理力学参数见表 4-1 和表 4-2。

表 4-1　大柳塔煤矿 1203 工作面煤岩体物理力学参数[181]

序号	岩性	厚度/m	重度/(kN/m³)	弹性模量/GPa	黏聚力 C/MPa	内摩擦角 φ/(°)	泊松比 μ	抗压强度/MPa
1	风积沙、砂石	27.0	17.0					
2	风化砂岩	3.0	23.3					
3	粉砂岩(局部风化)	2.0	23.3	18.0				
4	砂岩	2.4	25.2	43.4	2.6	36	0.22	30.3
5	砂岩互层	3.2	25.2	30.7	2.4	38	0.25	30.3
6	砂质泥岩	2.6	24.1	18	2.4	32	0.28	15.3
7	粉砂岩	2.2	23.8	40	7.4	38	0.20	48.3
8	碳质泥岩	2.0	24.3	18	1.7	32	0.27	15.3
9	砂质泥岩	2.6	24.3	18	1.8	32	0.25	38.3
10	1⁻² 煤层	7.0	13.0	13.5	1.2	38	0.25	14.8
11	细砂岩、粉砂岩互层	4.0	24.3	38	3.2	38	0.20	37.5

表 4-2　节理面力学参数

序号	岩性	法向刚度 k_n/GPa	切向刚度 k_s/GPa	黏聚力 C_j/GPa	内摩擦角 φ_j/(°)	抗拉强度/MPa
1	风积沙、砂石	1.0	0.14	0.01	10	0
2	风化砂岩	1.4	0.21	0.15	25	0.18

表 4-2(续)

序号	岩性	法向刚度 k_n /GPa	切向刚度 k_s /GPa	黏聚力 C_j /GPa	内摩擦角 φ_j/(°)	抗拉强度 /MPa
3	粉砂岩(局部风化)	2.0	0.25	1.50	17	0.25
4	砂岩	2.0	0.30	1.53	31	0.54
5	砂岩互层	1.5	1.27	1.58	29	0.33
6	砂质泥岩	1.45	0.21	1.46	22	0.21
7	粉砂岩	2.2	0.32	2.18	27	0.50
8	碳质泥岩	1.3	0.19	1.26	18	0.04
9	砂质泥岩	1.45	0.21	0.11	11	0.013
10	1^{-2}煤层	1.21	0.19	1.22	12	0.30
11	细砂岩、粉砂岩互层	2.3	0.38	2.24	28	0.55

4.2.2　模型设计

由于数值模拟方法无法反映工作面的真实推进速度,因此为定性描述工作面的推进速度,此处数值模拟的推进速度为相对推进速度,设定推进进度为每步推进 5 m、10 m、15 m、20 m,采高为 3.0 m、4.0 m、5.0 m、6.0 m、7.0 m,对工作面顶板垮落特征及支架工作阻力进行组合模拟。在煤层上部 1 m、4 m 和 9 m 处设置监测线,监测顶板的支承压力和位移变化情况。力学模型如图 4-1 所示。

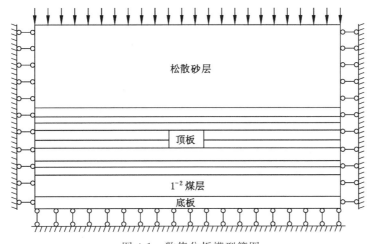

图 4-1　数值分析模型简图

4.3 数值模拟分析

4.3.1 不同采高和推进速度下顶板的来压特征

针对不同采高和推进速度下的工作面顶板初次来压和周期来压特征及来压强度进行数值模拟分析。

（1）采高 3 m 时不同推进速度下顶板的来压特征

对比图 4-2 中采高 3 m 条件下不同推进速度时顶板的初次来压步距可知，在工作面每步推进 5～15 m 时，随着工作面推进速度的增大，顶板初次来压步距逐步增大，由 35 m 逐步增大到 45 m；而当工作面推进速度超过一定值（每步推进达 20 m）时，顶板的初次来压步距变化不大，甚至还有降低趋势（初次来压步距为 40 m）。其主要原因是随着工作面的高速推进，采空区面积不断增大，顶板的悬空面积增大，开采卸荷作用使得顶板所承受的荷载迅速增加，使顶板损伤区裂纹扩展加速，工作面推进速度在一定范围内（每步推进 5～15 m）时，工作面高速推进造成顶板集中应力迅速增大而又得不到有效释放，还没有达到新的平衡时，工作面已经推过，造成顶板卸荷不充分，破断步距增大；而当推进速度超过一定值时，采动效应对顶板破断距的影响减弱，在工作面高速推进下上覆岩层荷载传递不充分，顶板回转变形量较小，造成顶板压力增大的幅度变小，顶板的破断距趋于平稳甚至减小。

顶板的周期来压步距随着推进速度的增大呈现逐渐增大的趋势，由每步推进 5 m 时的 10 m 逐渐增加到 20 m；但是随着推进速度的继续增大，周期来压步距并没有一直增加，而是逐步趋于稳定。这说明推进速度对周期来压步距在一定范围内影响作用较大，但当工作面推进速度超过一定值后，推进速度不再是顶板周期来压步距的主要影响因素。

由图 4-3 可知，工作面每步推进 5 m 时，顶板初次来压时的支承压力为 6.133 MPa；工作面每步推进 10 m 时，顶板初次来压时的支承压力为 8.663 MPa；工作面每步推进 15 m 时，顶板初次来压时的支承压力为 7.450 MPa；工作面每步推进 20 m 时，顶板初次来压时的支承压力为 8.466 MPa。可以看出，顶板初次来压时的支承压力值随着工作面推进速度的增大具有逐渐增大的趋势，但是当推进速度超过一定值之后，支承压力发生

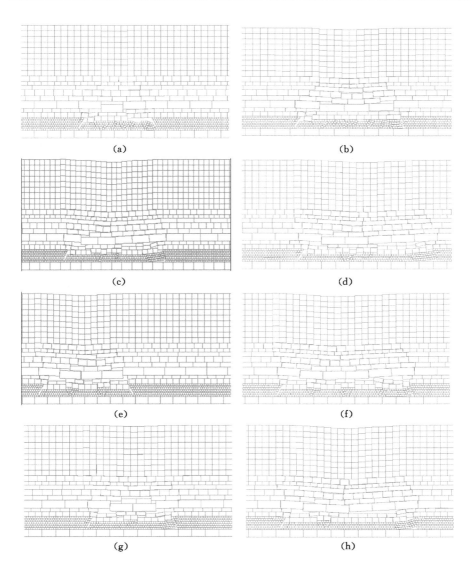

（a）每步推进 5 m,初次来压步距为 35 m;（b）每步推进 5 m,第一次周期来压步距为 10 m;

（c）每步推进 10 m,初次来压步距为 40 m;（d）每步推进 10 m,第一次周期来压步距为 20 m;

（e）每步推进 15 m,初次来压步距为 45 m;（f）每步推进 15 m,第一次周期来压步距为 15 m;

（g）每步推进 20 m,初次来压步距为 40 m;（h）每步推进 20 m,第一次周期来压步距为 20 m。

图 4-2　采高 3 m 时不同推进速度下顶板来压步距模拟结果

波动性变化,且略有回落。这是由于工作面快速推进时顶板不能充分卸载,损伤区域扩展不充分,围岩受破坏程度较小、较为完整,同时上覆岩层荷载的传递过程具有一定的时间效应,推进速度快使得上覆岩层的荷载传递不充分,从而造成上覆岩层支承压力发生回落;而当工作面推进速度较低时,上覆岩层卸载充分,受到采动破坏作用影响较大,荷载传递充分。但是由于采高较小,上覆岩层在采动破坏过程中容易形成自承式结构,支承压力增加幅度较小。

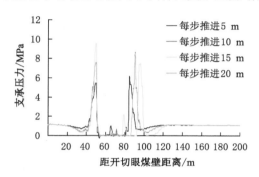

图 4-3 采高 3 m 不同推进速度时的顶板支承压力曲线

(2)采高 4 m 时不同推进速度下顶板的来压特征

对比图 4-4 中采高 4 m 条件下不同推进速度时顶板的初次来压步距可知,在工作面每步推进 5～15 m 时,随着工作面推进速度的增大,顶板初次来压步距逐步增大,由 35 m 逐步增大到 60 m;而当工作面推进速度由每步推进 15 m 增加到 20 m 时,顶板的初次来压步距变化不大,稳定在 60 m,与采高为 3 m 条件下各个推进速度时的初次来压步距相比有一定的增加。顶板的周期来压步距随着工作面推进速度的增大呈现不断增大的趋势,在每步推进 5 m 时,顶板周期来压步距为 10 m,随着工作面推进速度的增大,周期来压步距不断增大,当工作面推进速度由每步推进 10 m 增大到 20 m 时,周期来压步距虽有小幅回落,但基本稳定在 20 m 左右,与采高 3 m 条件下的周期来压步距相差不大。当工作面每步推进 20 m 时,顶板在周期来压过程中出现了大范围切落现象[见图 4-4(h)]。

由图 4-5 可知,工作面采高为 4 m,每步推进 5 m 时,顶板初次来压时的支承压力为 6.196 MPa;工作面每步推进 10 m 时,顶板初次来压时的支承压力为 9.696 MPa;工作面每步推进 15 m 时,顶板初次来压时的支承压力为

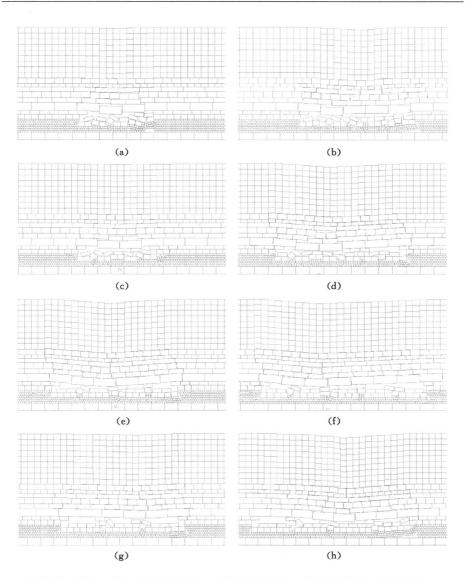

（a）每步推进 5 m，初次来压步距为 35 m；（b）每步推进 5 m，第一次周期来压步距为 10 m；

（c）每步推进 10 m，初次来压步距为 40 m；（d）每步推进 10 m，第一次周期来压步距为 20 m；

（e）每步推进 15 m，初次来压步距为 60 m；（f）每步推进 15 m，第一次周期来压步距为 15 m；

（g）每步推进 20 m，初次来压步距为 60 m；（h）每步推进 20 m，第一次周期来压步距为 20 m。

图 4-4　采高 4 m 时不同推进速度下顶板来压步距模拟结果

9.575 MPa；工作面每步推进 20 m 时，顶板初次来压时的支承压力为
8.745 MPa；支承压力较采高 3 m 条件下的有了明显的增大。对比采高 3 m
条件下工作面不同推进速度时顶板初次来压的支承压力曲线可知，在每步推
进 5～15 m 时，随着工作面推进速度的增大，顶板的支承压力增幅较大，其
中，在工作面每步推进 15 m 时达到了最大值；但是当工作面推进速度超过每
步推进 15 m 之后，初次来压时顶板的支承压力反而有所降低，比最大值降低
了 0.830 MPa。这可以说明，采高增加，在一定的推进速度范围内，随着工作
面推进速度的增大，顶板采空区悬顶面积增加，开采卸荷使顶板受到煤层采空
区应力重分布的影响作用较大，荷载传递充分；但随着推进速度的不断增加，
采空区卸荷加速，应力传递不充分，从而造成上覆岩层的荷载不能有效传递到
采空区两侧支承区域，使支承压力降低。

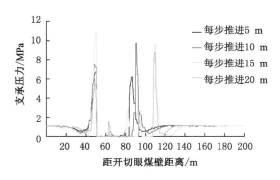

图 4-5　采高 4 m 不同推进速度时的顶板支承压力曲线

（3）采高 5 m 时不同推进速度下顶板的来压特征

对比图 4-6 中采高 5 m 条件下不同推进速度时顶板的初次来压步距可
知，在工作面每步推进 5～15 m 时，随着工作面推进速度的增大，顶板初次来
压步距由 40 m 逐步增大到 45 m；而当工作面推进速度由每步推进 15 m 增加
到 20 m 时，顶板的初次来压步距增大到 60 m 左右。与采高为 3 m 和 4 m 条件
下顶板的初次来压步距相比，采高 5 m 条件下每步推进 5 m 时的初次来压
步距有所增加，其余推进速度下初次来压步距总体上虽有一定的增加，但相差
不大。随着采高的增大，顶板的垮落高度明显增大，且局部位置顶板的离层现
象明显。这都是采高和推进速度较大，顶板的垮落不充分造成的。

工作面每步推进 5 m 时顶板周期来压步距为 15 m，每步推进 10 m 时顶

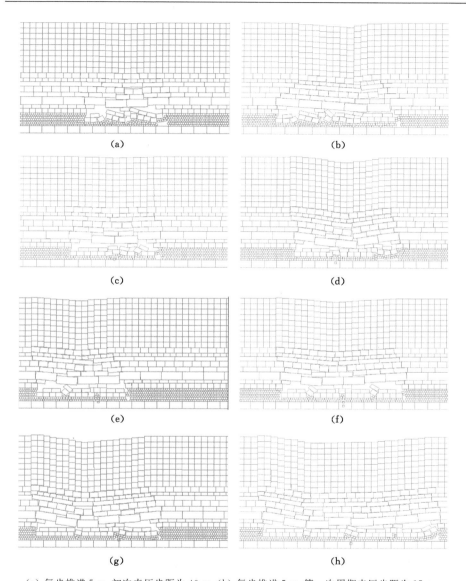

(a)　　　　　　　　　　　　　　　(b)

(c)　　　　　　　　　　　　　　　(d)

(e)　　　　　　　　　　　　　　　(f)

(g)　　　　　　　　　　　　　　　(h)

（a）每步推进 5 m,初次来压步距为 40 m;（b）每步推进 5 m,第一次周期来压步距为 15 m;
（c）每步推进 10 m,初次来压步距为 40 m;（d）每步推进 10 m,第一次周期来压步距为 10 m;
（e）每步推进 15 m,初次来压步距为 45 m;（f）每步推进 15 m,第一次周期来压步距为 15 m;
（g）每步推进 20 m,初次来压步距为 60 m;（h）每步推进 20 m,第一次周期来压步距为 20 m。

图 4-6　采高 5 m 时不同推进速度下顶板来压步距模拟结果

板周期来压步距为 10 m,每步推进 15 m 时顶板周期来压步距为 15 m,每步推进 20 m 时顶板周期来压步距为 20 m。这表明随着工作面推进速度的增大,顶板的周期来压步距虽有小幅回落,但总体呈现不断增大的趋势,当工作面每步推进 20 m 时,顶板周期来压步距达到最大值 20 m,且趋于稳定,与采高 3 m、4 m 时的周期来压步距最大值相差不大。采高为 5 m 条件下,在工作面每步推进 5 m、10 m 时的顶板周期来压过程中,工作面上覆顶板均出现了不同程度的沿煤壁切落现象[见图 4-6(b)和图 4-6(d)]。这表明采高增大不利于顶板稳定,特别是当工作面推进速度增大到一定值时,会对顶板的稳定性产生不利影响,使顶板回转量增大,裂隙扩展加剧,容易诱发顶板的大范围切落。

由图 4-7 可知,工作面采高为 5 m,每步推进 5 m 时,顶板初次来压时的支承压力为 8.586 MPa;工作面每步推进 10 m 时,顶板初次来压时的支承压力为 10.530 MPa;工作面每步推进 15 m 时,顶板初次来压时的支承压力为 9.833 MPa;工作面每步推进 20 m 时,顶板初次来压时的支承压力为 9.279 MPa;支承压力较采高 3 m 和 4 m 条件下的有了明显的增大。可见,在工作面每步推进 5~10 m 时,随着工作面推进速度的增大,顶板的支承压力增幅较采高为 3 m 和 4 m 时的大,当工作面每步推进 10 m 时达到了最大值;当工作面每步推进 15 m 和 20 m 时,支承压力表现出与采高为 3 m 和 4 m 时同样的降低趋势。采高的增大对支承压力有较大的影响作用。

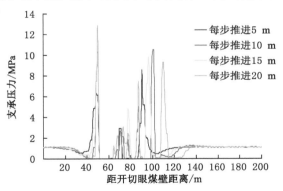

图 4-7 采高 5 m 不同推进速度时的顶板支承压力曲线

(4)采高 6 m 时不同推进速度下顶板的来压特征

对比图 4-8 中采高 6 m 条件下不同推进速度时顶板的初次来压步距可知,在工作面每步推进 5~20 m 时,随着工作面推进速度的不断增大,顶板初

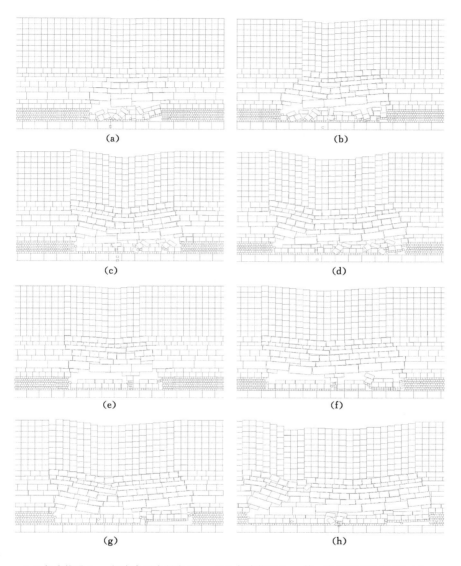

（a）每步推进 5 m，初次来压步距为 35 m；（b）每步推进 5 m，第一次周期来压步距为 15 m；

（c）每步推进 10 m，初次来压步距为 50 m；（d）每步推进 10 m，第一次周期来压步距为 10 m；

（e）每步推进 15 m，初次来压步距为 45 m；（f）每步推进 15 m，第一次周期来压步距为 15 m；

（g）每步推进 20 m，初次来压步距为 60 m；（h）每步推进 20 m，第一次周期来压步距为 20 m。

图 4-8　采高 6 m 时不同推进速度下顶板来压步距模拟结果

次来压步距由 35 m 增大到 60 m,在每步推进 20 m 时达最大值,与采高为 3 m、4 m、5 m 条件下顶板的初次来压步距相差不大。采高 6 m 条件下,顶板的垮落高度明显增大,图 4-8 中局部位置顶板的离层现象明显。

工作面每步推进 5 m 时顶板周期来压步距为 15 m,每步推进 10 m 时顶板周期来压步距为 10 m,每步推进 15 m 时顶板周期来压步距为 15 m,每步推进 20 m 时顶板周期来压步距为 20 m,与采高为 5 m 条件下的基本一致。

由图 4-9 可知,工作面采高为 6 m,每步推进 5 m 时,顶板初次来压时的支承压力为 8.815 MPa;工作面每步推进 10 m 时,顶板初次来压时的支承压力为 9.906 MPa;工作面每步推进 15 m 时,顶板初次来压时的支承压力为 10.644 MPa;工作面每步推进 20 m 时,顶板初次来压时的支承压力为 9.820 MPa;支承压力较采高 3 m、4 m、5 m 条件下的有了明显的增大。可见,在工作面每步推进 5～15 m 时,随着推进速度的增大,顶板的支承压力增幅较采高为 3 m 和 4 m 时的大,支承压力在工作面每步推进 15 m 时达到了最大值;当推进速度增大到每步推进 20 m 时,支承压力表现出与采高为 3 m、4 m、5 m 时同样的降低趋势。采高的增大对支承压力的影响作用逐步增大。

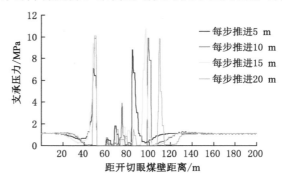

图 4-9 采高 6 m 不同推进速度时的顶板支承压力曲线

(5) 采高 7 m 时不同推进速度下顶板的来压特征

对比图 4-10 中采高 7 m 条件下不同推进速度时顶板的初次来压步距可知,在工作面每步推进 5～20 m 时,随着工作面推进速度的增大,顶板初次来压步距由 30 m 增大到 60 m,覆岩垮落呈非对称分布,顶板垮落角度也不断增加。随着工作面的推进,顶板的离层量不断增加,冒落高度不断增大,顶板形成拱结构。当工作面每步推进 20 m 时,地表下沉量接近 3 m。

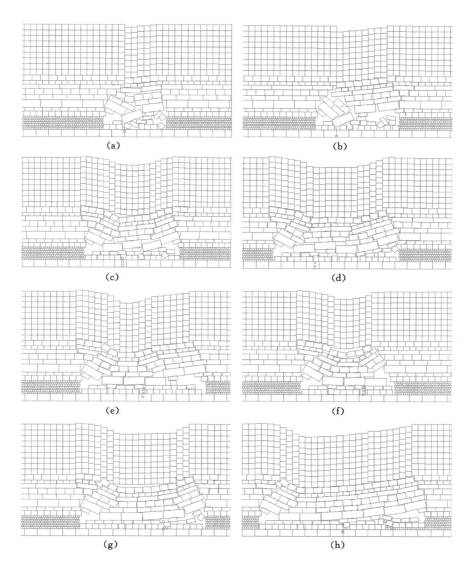

（a）每步推进 5 m，初次来压步距为 30 m；（b）每步推进 5 m，第一次周期来压步距为 10 m；

（c）每步推进 10 m，初次来压步距为 50 m；（d）每步推进 10 m，第一次周期来压步距为 10 m；

（e）每步推进 15 m，初次来压步距为 45 m；（f）每步推进 15 m，第一次周期来压步距为 15 m；

（g）每步推进 20 m，初次来压步距为 60 m；（h）每步推进 20 m，第一次周期来压步距为 20 m。

图 4-10　采高 7 m 时不同推进速度下顶板来压步距模拟结果

顶板的周期来压步距随着工作面推进速度的增大总体上不断增大,工作面每步推进 5 m 时顶板周期来压步距为 10 m,每步推进 10 m 时顶板周期来压步距为 10 m,每步推进 15 m 时顶板周期来压步距为 15 m,每步推进 20 m 时顶板周期来压步距为 20 m,与其他采高条件下的周期来压步距相差不大。

由图 4-11 可知,工作面采高为 7 m,每步推进 5 m 时,顶板初次来压时的支承压力为 8.92 MPa;工作面每步推进 10 m 时,顶板初次来压时的支承压力为 9.981 MPa;工作面每步推进 15 m 时,顶板初次来压时的支承压力为 11.010 MPa;工作面每步推进 20 m 时,顶板初次来压时的支承压力为 10.640 MPa;支承压力较采高为 3 m、4 m、5 m 和 6 m 条件下的进一步增大。可见,在工作面每步推进 5～15 m 时,随着推进速度的增大,支承压力在工作面每步推进 15 m 时达到了最大值;当推进速度增大到每步推进 20 m 时,支承压力呈现降低趋势。采高的增大对支承压力的影响作用进一步增大。

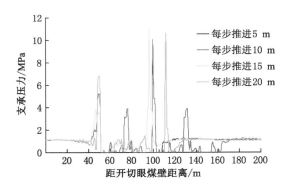

图 4-11　采高 7 m 不同推进速度时的顶板支承压力曲线

因此可认为,加快推进速度增加了来压步距,减少了来压次数,减小了工作面矿压显现强度;适当提高推进速度有利于工作面顶板管理和安全生产;推进速度加快,采场围岩的加载速率增加,应力集中程度增大。不同采高和推进速度都会导致顶板初次来压及周期来压步距的不同。模拟结果表明,采高越大,顶板初次来压及周期来压步距越小,裂隙发育高度越大,矿压显现越明显;随着推进速度的增加,顶板初次来压强度增大,而工作面周期来压的次数有减少的趋势,周期来压步距有增大的趋势,每次来压持续步距也增大。

顶板的来压步距随着工作面采高的增大而减小。随着工作面采高的增大，直接顶垮落后不能充分充填采空区，上覆岩层的运动空间增大，且在周期来压期间顶板的悬伸长度增大；下位岩层难以形成稳定的铰接结构，随着顶板的垮落，顶板的结构逐渐向上位岩层移动，并且在顶板垮落过程中产生明显的台阶下沉现象，从而使岩层控制的难度加大。

（6）工作面推进过程中顶板的台阶下沉现象

随着工作面的推进，工作面顶板产生台阶下沉现象，使顶板沿煤壁切落，对工作面造成极大的影响。图 4-12 至图 4-16 分别为采高为 3 m、4 m、5 m、6 m、7 m，每步推进 5 m、10 m、15 m、20 m 条件下，工作面推进过程中顶板的台阶下沉模拟结果。通过对比分析不同采高和不同推进速度下的顶板台阶下沉情况，研究采高和推进速度在切顶危害中的影响作用，并探究切顶的控制方法。

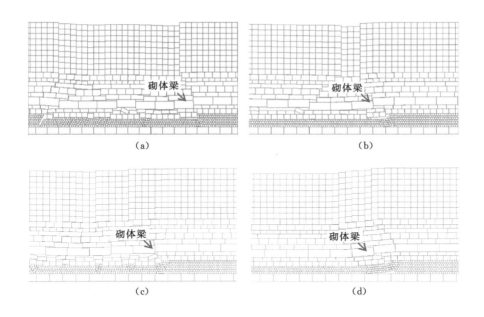

（a）每步推进 5 m，推进 85 m 时切顶；（b）每步推进 10 m，推进 110 m 时切顶；

（c）每步推进 15 m，推进 105 m 时切顶；（d）每步推进 20 m，推进 120 m 时切顶。

图 4-12　采高 3 m，不同推进速度下顶板的台阶下沉模拟结果

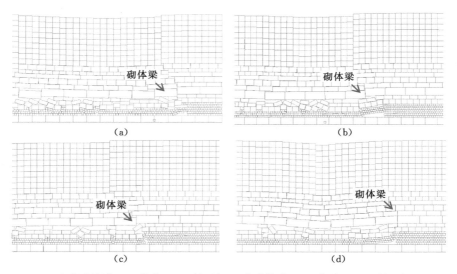

（a）每步推进 5 m，推进 85 m 时切顶；（b）每步推进 10 m，推进 110 m 时切顶；

（c）每步推进 15 m，推进 85 m 时切顶；（d）每步推进 20 m，推进 110 m 时切顶。

图 4-13　采高 4 m，不同推进速度下顶板的台阶下沉模拟结果

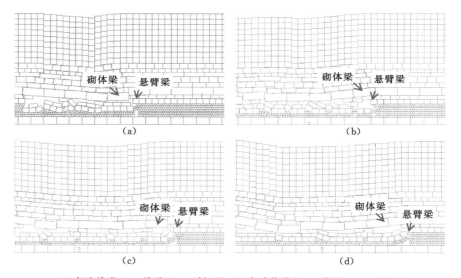

（a）每步推进 5 m，推进 55 m 时切顶；（b）每步推进 10 m，推进 60 m 时切顶；

（c）每步推进 15 m，推进 75 m 时切顶；（d）每步推进 20 m，推进 80 m 时切顶。

图 4-14　采高 5 m，不同推进速度下顶板的台阶下沉模拟结果

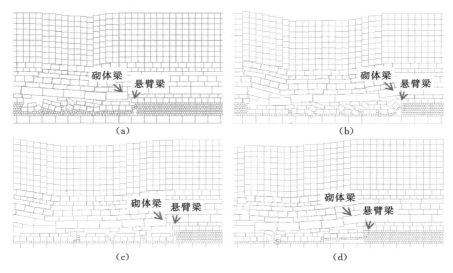

(a) 每步推进 5 m,推进 65 m 时切顶;(b) 每步推进 10 m,推进 70 m 时切顶;

(c) 每步推进 15 m,推进 75 m 时切顶;(d) 每步推进 20 m,推进 80 m 时切顶。

图 4-15　采高 6 m,不同推进速度下顶板的台阶下沉模拟结果

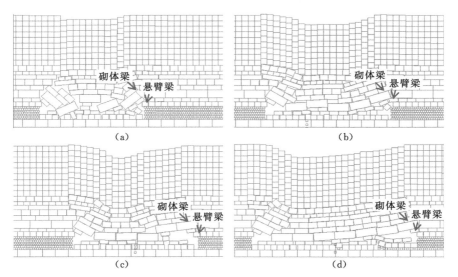

(a) 每步推进 5 m,推进 50 m 时切顶;(b) 每步推进 10 m,推进 60 m 时切顶;

(c) 每步推进 15 m,推进 75 m 时切顶;(d) 每步推进 20 m,推进 80 m 时切顶。

图 4-16　采高 7 m,不同推进速度下顶板的台阶下沉模拟结果

分析图 4-12 至图 4-16 可以得出以下结论:

① 对比图 4-12 至图 4-16 中不同采高条件下顶板切落的模拟结果可知,当采高较小时,顶板发生切落的步长(步长指从开切眼到顶板切落处的距离)较大,如在推进速度为每步推进 5 m 时,采高为 3 m 时发生切顶的步长为 85 m,采高为 4 m 时发生切顶的步长为 85 m,采高为 5 m 时发生切顶的步长为 55 m,采高为 6 m 时发生切顶的步长为 65 m,采高为 7 m 时发生切顶的步长为 50 m。整体上表现为随着采高的增大,工作面推进过程中顶板越容易发生切落。这主要是由于随着采高的增大,顶板卸荷面积增大,采动损伤区域扩展迅速,上覆岩层裂隙发育充分,从而容易造成顶板的大范围切落。

② 对比图 4-12 至图 4-16 中不同推进速度条件下顶板切落的数值模拟结果可知,随着工作面推进速度的增大,顶板发生第一次切落时的破断步距总体上不断增大。工作面采高为 3 m 时,随着工作面推进速度的增大,发生切顶的步长由 85 m 增大到 120 m;工作面采高为 4 m 时,随着工作面推进速度的增大,发生切顶的步长由 85 m 增大到 110 m;工作面采高为 5 m 时,随着工作面推进速度的增大,发生切顶的步长由 55 m 增大到 80 m;工作面采高为 6 m 时,随着工作面推进速度的增大,发生切顶的步长由 65 m 增大到 80 m;工作面采高为 7 m 时,随着工作面推进速度的增大,发生切顶的步长由 50 m 增大到 80 m。这说明推进速度越大,顶板越不容易发生大范围切落。推进速度在一定范围内时,顶板切落往往是上覆岩层的整体性切落,对工作面造成影响的区域较大;随着工作面推进速度的增大(工作面每步推进 15 m 和 20 m),切顶时往往只是直接顶的切落[见图 4-12 至图 4-16 中(c)、(d)]。这主要是由于工作面推进速度较低,采空区卸荷应力传递使上覆岩层破坏充分,顶板结构容易失稳;当推进速度较快时,上覆岩层未充分破坏,工作面就已推过,从而造成发生切顶的步长相对较大,而且顶板切落往往是直接顶的切落,造成的破坏较小。

③ 当工作面每步推进 10 m 时,发生切顶的步长呈现明显的突变趋势。之后随着推进速度的增大,切顶步长呈小幅变化。这说明工作面推进速度是在一定范围内对顶板的破坏造成影响的。当推进速度超过一定值(每步推进 15 m)时,它对顶板破坏的影响作用将趋于稳定,只有当工作面推进较大距离时才可能造成顶板的小范围切落。

④ 对比数值模拟结果可知,采高越大、推进速度越小时,顶板垮落步距越小,切顶造成的影响作用越大,往往会形成沿煤壁的顶板切落事故;随着推进

速度的增大,顶板垮落步距增大,容易使支架迅速通过"高压区",有利于工作面的安全;而推进速度较大,采高较小时,切顶造成的破坏区域较大,但是其往往造成直接顶的垮落,难以形成工作面附近的顶板切落事故。因此,选取合理的采高和推进速度对于保证采空区稳定、防止顶板切落具有至关重要的作用。

⑤ 对比图 4-12 至图 4-16 可知,顶板切落同时造成直达地表的大规模的沉陷,且沉陷量随采高增大而增大,当采高较大时,在切顶过程中下位顶板形成"悬臂梁"结构[见图 4-14 至图 4-16 中(a)—(d)]。上位关键层垮落形成"砌体梁"结构,且随着采高增大,"砌体梁"结构特征越明显。由此,"砌体梁"破断失稳及"悬臂梁"破断失稳形成大采高工作面的大小周期来压现象。当"砌体梁"结构垮落时,工作面产生剧烈的矿压显现以及动载现象。

4.3.2　不同采高和推进速度下顶板的支承压力分布特征

研究结果表明,采高和推进速度增大会对工作面矿压显现造成较大的影响。国内学者[182-185]通过理论分析、物理模拟实验、数值模拟及工程实践等方法对采高和推进速度对工作面矿压显现的影响进行了大量的研究工作。研究结果认为,不同采高会造成工作面矿压显现的不同,在一定范围内,采高越大,顶板的初次来压和周期来压步距越小,矿压显现越剧烈;而推进速度增大,顶板来压强度增大,周期来压次数减少、步距增大。但是针对高速推进和大采高组合条件下的工作面矿压显现的研究还较少。本节在数值模拟分析的基础上,对工作面不同推进速度和采高条件下顶板周期来压时的矿压显现规律进行分析。模拟结果如图 4-17 至图 4-21 所示。

工作面每步推进 5 m 时,随着采高的增大,在采高由 3 m 增加到 4 m 时顶板支承压力增速较低,只增加了 0.063 MPa,之后顶板的支承压力迅速升高,由采高为 4 m 时的 6.196 MPa 升高到采高为 6 m 时的 8.530 MPa,之后逐渐趋于稳定,在采高由 6 m 增加到 7 m 时支承压力只增加了 0.285 MPa。

当工作面每步推进 10 m 时,在采高由 3 m 增加到 5 m 时支承压力增加较快,由采高为 3 m 时的 8.663 MPa 增加到采高为 5 m 时的 10.530 MPa,增加了 1.867 MPa,之后支承压力开始下降,采高为 6 m 时支承压力为 8.815 MPa,采高由 6 m 增加到 7 m 时降幅减缓,采高为 7 m 时支承压力为 8.530 MPa。这说明支承压力并不是随着采高增大而一直增大的,在采高达到一定值之后增幅趋于平缓甚至降低。

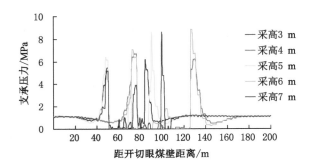

图 4-17　工作面每步推进 5 m 时的顶板支承压力分布特征

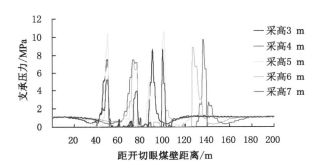

图 4-18　工作面每步推进 10 m 时的顶板支承压力分布特征

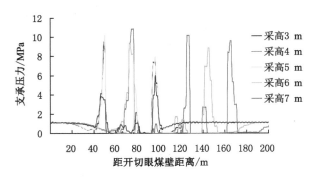

图 4-19　工作面每步推进 15 m 时的顶板支承压力分布特征

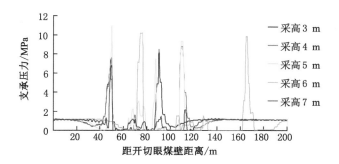

图 4-20　工作面每步推进 20 m 时的顶板支承压力分布特征

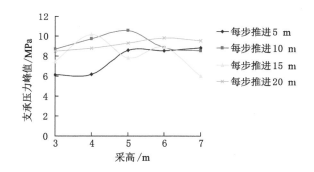

图 4-21　不同推进速度条件下顶板支承压力峰值变化情况

工作面每步推进 15 m 时,随着采高的增大,在采高由 3 m 增加到 4 m 时顶板支承压力由 7.450 MPa 迅速增大到 10.140 MPa,采高为 5 m 时的支承压力回落,比采高为 4 m 时的减小了 2.307 MPa,在采高由 5 m 增加到 7 m 时支承压力虽有小幅上升,但总体上仍是降低的,采高为 7 m 时支承压力降至 6.011 MPa。

工作面每步推进 20 m 时,在采高由 3 m 增加到 6 m 时支承压力由 8.466 MPa 增大到 9.820 MPa,在采高超过 6 m 之后,支承压力出现一定程度的回落,降低至 9.500 MPa,并趋于平稳。支承压力最大值比推进速度为每步推进 10 m 和 15 m 时的低,但是支承压力的变化趋势与其余推进速度条件下的变化趋势基本一致。

由图 4-17 至图 4-21 可知,随着采高的增大,支承压力在一定采高范围内表现出迅速增大的趋势；推进速度为每步推进 5～15 m 时，随着推进速度的增大，支承压力呈现整体增大的趋势；当推进速度为每步推进 10 m、采高为 5 m时，支承压力达到最大值 10.530 MPa；当推进速度超过每步推进 15 m 后支承压力整体出现回落，说明推进速度增大有利于降低支承压力，从而减小对工作面支架及围岩的破坏作用。

随着工作面采高的增大，顶板支承压力出现了不同幅度的增大，但是当采高增大到一定值之后支承压力趋于平稳其至略有降低，说明在一定范围内增大采高不利于顶板稳定。这主要是由于随着采高的增大，上覆岩层损伤区域的扩展加剧，顶板垮落范围增大，往往会造成台阶下沉式的切顶事故，对采空区的破坏加剧，对支架工作阻力的要求增高。但是随着采高的增大，上覆岩层垮落高度增加，高位顶板逐渐形成自承式"应力拱"结构，从而可增加顶板的稳定性，因此出现支承压力回落和趋于平缓的现象。而随着推进速度的增大，顶板支承压力呈现不断增大的趋势，但推进速度增大到一定值（每步推进超过 15 m）之后，支承压力趋于稳定，其至呈现降低趋势。这说明推进速度增大到一定值之后对支承压力的影响作用将不会特别显著。研究结论可为具体工程实践提供借鉴。

4.3.3　不同采高时的顶板位移特征

以工作面每步推进 5 m，采高分别为 3 m、4 m、5 m、6 m、7 m 时的数值模拟结果为例，研究工作面推进速度一定的情况下，采高变化时的顶板位移变化规律。不同采高条件下顶板竖向位移曲线如图 4-22 所示。

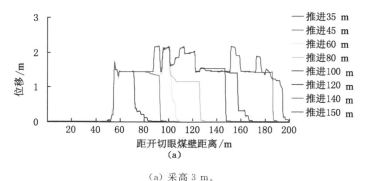

（a）采高 3 m。

图 4-22　不同采高条件下顶板竖向位移曲线

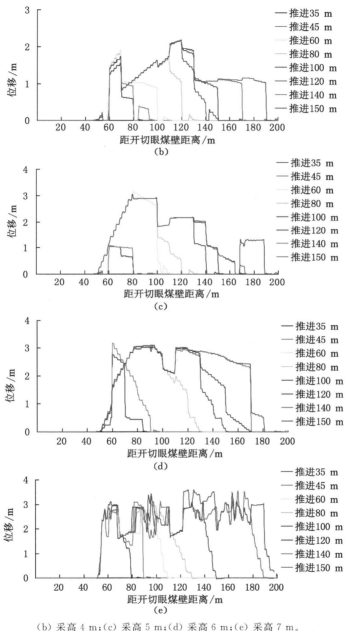

（b）采高 4 m；（c）采高 5 m；（d）采高 6 m；（e）采高 7 m。

图 4-22（续）

分析图 4-22 可知,顶板来压过程中,其位移呈现明显的阶跃性变化特征。

(1) 采高不同、推进速度相同时,顶板的初次来压步距和周期来压步距不同,对比分析 4.3.1 小节中结论可知,随着采高的增大,当工作面推进速度低于一定值时,顶板的初次来压步距呈现逐步降低的趋势,而周期来压步距也呈现同样的变化规律。顶板在初次来压和周期来压时位移量都发生了较大的变化。

(2) 采高增加,在相同的推进距离下顶板的位移量增大,直至顶板触矸后其位移量才不再变化。由图 4-23 中不同采高条件下顶板竖向位移峰值曲线可知,随着采高增加,顶板竖向位移峰值逐步增大,由采高为 3 m 时的 2.16 m 增大到采高为 7 m 时的 3.58 m。随着浅埋煤层采高的增大,顶板的破坏加剧,采动损伤区域不断往上覆岩层方向扩展,造成上覆岩层随采高的增大不断破坏、垮落到采空区,甚至沿煤壁大范围切落,对工作面造成极大的危害。

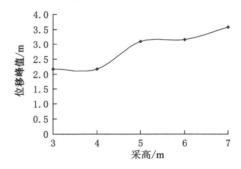

图 4-23 不同采高条件下顶板竖向位移峰值曲线

4.3.4 不同推进速度时的顶板位移特征

以采高 6 m,工作面推进速度分别为每步推进 5 m、10 m、15 m、20 m 的数值模拟结果为例,研究采高一定的情况下,推进速度变化时的顶板位移变化规律。不同推进速度下顶板竖向位移曲线如图 4-24 所示。

由图 4-24 可知,采高相同时,在不同的推进速度下,顶板的竖向位移峰值和其对应的推进距离不同。

(1) 工作面推进速度不同,顶板竖向位移呈现明显的突变特征,反映了顶板在初次来压和周期来压时的破断垮落特征。

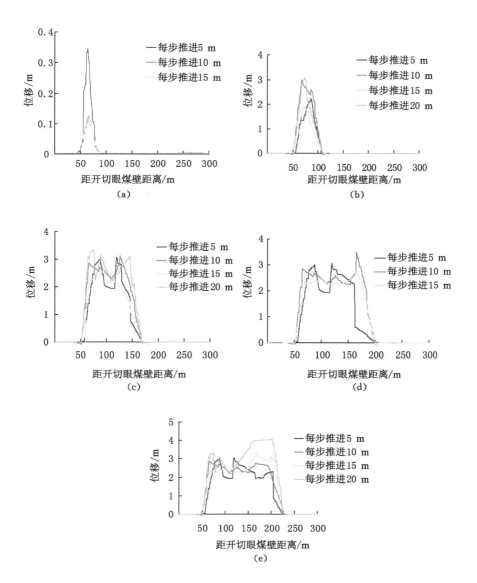

（a）工作面推进 30 m；（b）工作面推进 60 m；（c）工作面推进 120 m；

（d）工作面推进 150 m；（e）工作面推进 180 m。

图 4-24　不同推进速度下顶板竖向位移曲线

（2）对比分析不同推进速度下顶板的位移变化特征可知，在工作面开采初期、顶板初次来压前，由于上覆岩层稳定，在各个推进速度下，顶板的位移量差别不大；随着工作面的推进，顶板的位移量发生变化，在相同的推进距离下，在每步推进 5～15 m 时，工作面推进速度越大，其顶板的位移量也就越大，最大位移量从 3.06 m 增加到 3.25 m。但是当推进速度超过一定值后顶板位移量趋于稳定，增幅减小。工作面每步推进 20 m 时，其最大位移量为 4.07 m，与每步推进 15 m 时的最大位移量相差不大，如图 4-25 所示。

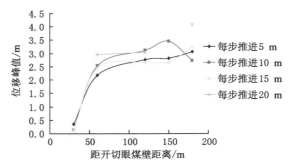

图 4-25　不同推进速度下顶板竖向位移峰值曲线

（3）不同推进速度条件下，随着工作面的推进，竖向位移峰值所对应的推进距离有明显差别。推进速度越小，达到最大位移量所对应的推进距离越小，位移峰值也越小；推进速度越大，达到最大位移量所对应的推进距离越大，位移峰值也越大。

第5章 含主控裂纹顶板切落压架的实验研究

本章在浅埋煤层顶板破断切落理论研究的基础上,针对实际工程中含主控裂纹顶板在工作面推进过程中裂纹的扩展规律进行相似材料模拟实验研究,对顶板支承压力、裂纹应力、支架工作阻力和顶板位移进行监测,通过实验观测到了顶板主控裂纹活化扩展和顶板切落失稳的一般过程,获得了高强度开采条件下裂纹活化诱发大规模顶板切落的动态过程中的矿压显现以及支架工作阻力变化规律,分析了裂纹扩展的主要影响因素。

5.1 引 言

相似模拟实验的原型是本书第 3 章中含主控裂纹的顶板断裂力学模型。在实验过程中以具体工作面煤层赋存条件作为工程地质条件,同时根据实验模型进行一般化调整,以使本实验的研究结论对类似煤层赋存条件的矿井具有借鉴意义。

我国学者针对断层诱发矿压显现的问题进行了大量的研究工作。彭苏萍院士等[186]通过相似材料模拟实验方法,研究了两组含不同倾向高角度正断层的顶板在采动影响作用下的变形破坏和矿压显现规律,观察到了采动作用下的断层活化及由此造成的断层岩体破裂、煤岩体支承压力增大等现象,指出采动作用下断层活化使顶板的周期来压步距减小,随着距断层面距离的减小,支承压力峰值位置向前方转移,过断层后,支承压力峰值减小,比无断层情况下小。勾攀峰等[187]通过相似材料模拟实验,研究了在断层下盘煤层已开采的条件下,在其上盘开掘巷道时,巷道顶板的位移和变形特征,指出在断层影响区域的水平和垂直方向上回采巷道围岩变形和破坏呈现不对称特征,紧靠断层的底板破坏更加严重。黄炳香等[188]采用相似材料模拟实验方法研究了工作面由断层下盘向断层上盘过顶板尖灭断层区域覆岩的渐进破坏过程、采动应力和采动裂隙的演化特征。指出当工作面推进到断层面时,断层的上部裂隙张开,而其下部裂隙有闭合的趋势,且断层的上部张开度大于下部;当工作面进入断层面时,下部顶板的断层面张开,当进入断层上盘岩层之后,断层面闭合,下部的闭合程度同样大于上部。下盘顶板冒落较充分,而上盘呈现"悬臂梁"弯曲下沉的趋势。李志华等[189]通过数值模拟方法研究了断层滑移失稳问题,指出工作面由断层下盘推进比由上盘推进时断层"活化"容易,工作面位于断层下盘时发生冲击地压的危险性远远高于工作面位于断层上盘时。王琦等[190]针对断层区煤巷顶板的破断问题,分别建立了正断层和逆断层构造区的顶板弹性深梁力学模型,根据顶板深梁的跨高比提出了三种不同的破坏模式:由下向上的层状剥落、斜面状(正断层)或弧面状(逆断层)整体断裂、由左上角开始的整体断裂。王涛[191]通过实验和理论分析相结合的方法研究了采动影响下断层活化和诱发冲击地压的机理。指出采动作用的影响增大了断层活化的可能性,为断层活化创造了条件,而工作面煤层承载能力的部分失效是断层发生滑移的直接原因,断层滑移时造成的冲击作用是工作面煤岩体大范围失稳的原因。吕进国等[192]结合具体的断层诱发冲击地压的事故案例,通过分析微震监测数据和采用数值模拟方法研究了采动作用影响下断层带附近的应力场的分布特征,从地质构造、微震活动和应力场这三个方面探讨了冲击地压的诱因和发生机制。张士川等[193]建立了隐伏构造条块体突水判据模型,应用剪切破坏理论方法得到了突水的理论判据,通过相似材料模拟实验再现了含主控裂纹底板在采动应力扰动和高承压水共同作用下裂隙形成、主控裂纹扩展和突水通道形成的全过程。蒋金泉等[194]采用三维数值模拟方法,研究了上、下盘工作面向逆断层推进过程中的采动应力演化特征、煤层顶板运动特征和断层的活化规律。指出断层上盘工作面的围岩应力集中程度大于下盘;上盘工作面与下盘工作面相比,工作面距断层距离对采动应力的影响作用较小。张风达等[195]运用损伤与断裂力学知识并结合统一强度理论,研究了考虑卸荷作用的底板突水破坏机制。师文豪等[196]通过有限元分析方法模拟了连续开挖过程中断层活化顶板突水过程,分析了断层带应力场和损伤区的迁移过程,指出连续开挖是断层损伤区产生、累积扩展到贯通的主要原因,随着开挖推进断层带内剪应力集中区域沿断层从上到下逐渐向顶板转移,断层损伤区受力状态由压剪变为拉剪并不断扩展,损伤区在断层揭露时完全贯通,形成导水通道并诱发突水灾害。张培森等[197]针对含隐伏断层煤层底板滞后突水影响因素及发生机理进行了研究,指出滞后突水是底板岩体的变形和破坏引起的,不仅与隐伏断层与煤层的空间关系及承压水水压有关,而且与隐伏断层发育程度及与煤层间的距离有关。张文忠[198]指出隐伏断层内的水压随倾角的增大而减小,随支承压力的增大而增大。王浩等[199]指出断层倾角的变化对围岩应力场具有较大的影响作用,并且能够促进瓦斯在煤岩体中的运移。

他们的研究成果极大地推动了矿山研究领域的发展,但是他们的研究较多地集中在采动应力对大断层的影响作用上,而他们对含有节理或裂纹的顶板在采动作用下的破断和来压规律研究得较少。在实际工程中,岩体在长期的地质构造运动作用下,内部存在大量不规则且长短不一的裂隙、节理和小规模断层。如本书第3章所述,煤层开采过程中的顶板切落事故往往是有裂纹等损伤出现在工作面,采动后裂纹扩展、贯通造成的。

鉴于此,本章在第3章理论分析的基础上,以顶板中的主控裂纹为研究对象,设计相似材料模拟实验,研究工作面推进过程中过主控裂纹时顶板的裂纹扩展规律和来压情况,并对顶板破坏过程中的覆岩运动、支承压力和支架工作阻力变化情况进行分析,旨在揭示采动影响、主控裂纹活化、顶板切落压架三者之间的内在作用关系,分析存在主控裂纹条件下切顶压架发生的机理。

实验基本要求:

(1) 相似材料模型能够体现出主控裂纹的扩展情况,裂纹扩展出现在工作面回采至主控裂纹附近时,采动应力作用造成主控裂纹的活化。

(2) 对实验过程中顶板的变形和应力进行监测,捕捉并记录主控裂纹活化瞬间裂纹的扩展和应力的变化情况,监测顶板垮落和切落过程中的支架工作阻力。

实验的监测内容主要包括:① 主控裂纹带上的正应力、剪应力;② 整个模型的位移,工作面过主控裂纹时裂纹附近的位移变化情况;③ 顶板的支承压力,工作面过主控裂纹时顶板的支承压力;④ 工作面推进过程中的支架工作阻力变化情况,顶板切落时的支架工作阻力。

5.2　相似材料模拟实验设计

5.2.1　实验原理

根据相似理论,欲使模型与实体原型相似,必须满足各对应量成一定比例关系及各对应量所组成的数学物理方程相同的条件,具体到在煤矿开采方面的应用,要保证模型与实体原型在以下三个方面相似。

(1) 几何相似

要求模型与实体原型几何形状相似。需要满足几何相似比为常数,即

$$a_L = \frac{L_p}{L_m} \tag{5-1}$$

式中　a_L——几何相似比,为常数;

　　　L_p——实体原型长度;

　　　L_m——模型长度。

(2) 运动相似

要求模型和实体原型具有相似的运动情况,即要求其各对应监测点的速度、加速度和运动时间等都要成一定的比例。因此,要求模型和实体原型的时间相似比为常数,即

$$a_t = \sqrt{a_L} \tag{5-2}$$

式中　a_t——时间相似比,为常数。

(3) 重度相似

要求模型和实体原型的所有作用力都相似。矿山压力实验要求重度相似比为常数,即

$$a_\gamma = \frac{\gamma_p}{\gamma_m} \tag{5-3}$$

式中　a_γ——重度相似比,为常数;

　　　γ_p——实体原型重度;

　　　γ_m——模型重度。

各相似常数间满足下列关系:

$$a_\sigma = a_\gamma a_L \tag{5-4}$$

式中　a_σ——应力(强度)相似常数。

5.2.2　实验材料与设备

相似材料模拟实验采用的二维实验台的尺寸为长×宽×高＝2 400 mm×1 400 mm×200 mm,如图 5-1 所示。通过直径为 15 mm 的螺栓固定模型的前后挡板,建模时限制模型的侧向变形,挡板尺寸为长×宽＝2 600 mm×

100 mm,待拆模后采用有机玻璃挡板固定模型两端,防止模型开挖过程中有垮落的块体滑落。

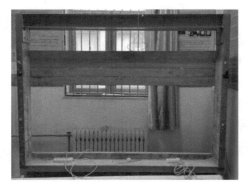

图 5-1　相似材料模拟实验二维实验台

静态应变仪采用扬州科动电子有限责任公司生产的 KD7016 型程控静态应变仪。该应变仪在测量时具有非常高的可靠性,对小型的模拟监测具有很好的适用性,可以实现数字代号式功能切换、自动平衡和扫描测试等功能,量程为 $0 \sim \pm 0.019\,999$,分辨率为 10^{-6},测量误差为 $0.2\%\mathrm{FS} \pm 10^{-6}$(FS 指量程的范围),灵敏度系数范围为 $1.000 \sim 9.999$。采集软件采用扬州科动电子有限责任公司生产的应变仪控制软件,该软件操作简便、便于控制。数据采集设备如图 5-2 所示。

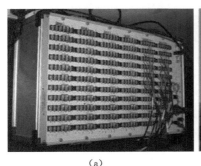

(a)　　　　　　　　　　　　　　(b)

(a) KD7016 型程控静态应变仪;(b) 采集软件。

图 5-2　数据采集设备

采用高分辨率数码照相机 1 台、高亮度补充光源 1 套,来拍摄工作面开挖过程中的上覆岩层变形情况,如图 5-3 所示。

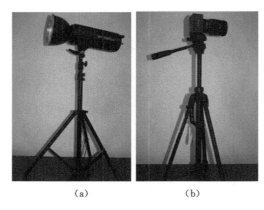

（a）　　　　　　　（b）

（a）光源；（b）照相机。

图 5-3　光源和照相机

采用自动液压升降系统［见图 5-4（a）］控制自制支架的高度，模拟支架的液压缸；制作了一套支护装置，来模拟工作面支架，通过在支架上布置微型压力盒监测装置，测量工作面推进过程中支架的荷载，见图 5-4（b）。

（a）　　　　　　　　　　　　（b）

（a）自动液压升降系统；（b）支架模型。

图 5-4　自动液压升降系统与支架模型

通过在岩层中布置压力盒，测量工作面推进过程中的应力变化情况。采用 SZY-3-B 微型压力盒，该压力盒量程为 0.5 MPa，精度高、稳定性好，而且体积较小，方便使用，如图 5-5 所示。在支架上布置一压力盒，以监测支架工作阻力变化情况。自制两套预加主控裂纹的模板，尺寸为 200 mm×90 mm×5 mm，如图 5-6 所示。

图 5-5 SZY-3-B 微型压力盒

图 5-6 裂纹预制模板

5.2.3 实验模型及参数

相似材料模拟实验以祁连塔煤矿 32206 工作面 2^{-2} 煤的开采条件为基础,根据其具体工程地质条件建立相似材料模型,并将各岩层进行一般化调整。在基本顶中构建两条具有一定倾角的主控裂纹,针对工作面推过主控裂纹时裂纹的活化和扩展规律进行分析,对裂纹扩展诱发切顶事故这一动态过程中的矿压显现和围岩运移破坏特征进行监测,分析裂纹扩展时裂纹附近的应力和位移变化规律,研究裂纹扩展贯通与顶板切落来压的关系,进而深入分析工作面过主控裂纹时切顶发生的内在机理。

32206 工作面位于祁连塔煤矿 2^{-2} 煤二盘区,矿区地表多被第四系松散砂层覆盖,松散砂层厚度一般为 40 m,基岩厚度约为 50 m,工作面长度为

301 m,走向长度为 2 474 m,煤层平均厚度为 5.96 m,倾角为 1°～3°,密度为 $1.29×10^3$ kg/m³,工作面设计采高为 5.5 m。煤层直接顶主要为泥岩和粉砂岩,基本顶大部分由粉砂岩和细砂岩组成,底板以细砂岩和砂质泥岩为主。工作面开采采用长壁综合机械化采煤方法一次性采全高[181]。

　　相似模拟实验模型的几何相似比为 50∶1。相似模拟实验模型和监测点布置如图 5-7 所示。设计两条主控裂纹,其倾角分别为 60°和 120°,通过模具预设裂纹长度为 4.5 m。在指定位置开挖模型,模拟工作面过主控裂纹时的回采过程,分析顶板的来压特征,研究工作面过主控裂纹时切顶发生的内在机理。

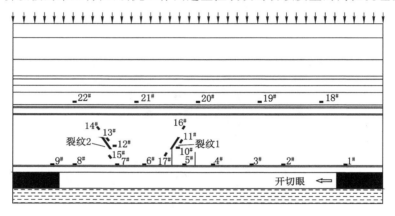

图 5-7　相似模拟实验模型和应力监测点布置图

　　实验选取与开采活动相关的岩层作为研究对象,根据现场实测的地质资料,确定大采高工作面的顶底板各岩层的物理力学参数见表 5-1。简化的物理模型参数见表 5-2。

表 5-1　煤层及顶底板岩层的物理力学参数

层号	岩性	层厚 /m	密度 /(t/m³)	抗压强度 /MPa	弹性模量 /GPa	黏聚力 /MPa	内摩擦角 /(°)
14	风积沙	41.5	15.8	11.6	12	0	17
13	粉砂岩	4.7	24.3	36.6	35	7.4	38
12	细砂岩	7.3	25.0	44.6	32	3.2	38
11	中砂岩	5.5	23.9	45.3	33	2.6	36

表 5-1(续)

层号	岩性	层厚/m	密度/(t/m³)	抗压强度/MPa	弹性模量/GPa	黏聚力/MPa	内摩擦角/(°)
10	1⁻²煤	1.03	14.8	10.5	15	1.2	38
9	泥岩	2.11	21.1	20.7	20	2.0	30
8	粉砂岩	2.35	24.6	40.6	35	7.4	38
7	泥岩	4.8	21.1	20.7	20	2.0	30
6	粉砂岩	0.4	24.6	40.6	35	7.4	38
5	泥岩	1.99	21.1	20.7	20	2.0	30
4	细砂岩	17.55	25.0	44.6	32	3.2	38
3	粉砂岩	0.4	24.6	40.6	35	7.4	38
2	泥岩	1.9	21.6	20.7	20	2.0	30
1	2⁻²煤	5.5	14.5	10.5	15	1.2	38
0	细砂岩	5	25.0	44.6	32	3.2	38

表 5-2　相似模拟实验模型各煤岩层物理力学参数

岩性	层厚/cm	累计厚/cm	密度/(g/cm³)	抗压强度/MPa
风积沙	83	205	0.988	0.150
粉砂岩	9	122	1.519	0.456
细砂岩	15	113	1.563	0.605
中砂岩	11	98	1.490	0.567
1⁻²煤	2	87	0.925	0.131
泥岩	4	85	1.320	0.259
粉砂岩	5	81	1.540	0.508
泥岩	10	76	1.320	0.259
粉砂岩	1	66	1.540	0.508
泥岩	4	65	1.320	0.259
细砂岩	35	61	1.560	0.558
粉砂岩	1	26	1.540	0.508
泥岩	4	25	1.320	0.259
2⁻²煤	11	21	0.906	0.131
细砂岩	10	10	1.520	0.556

结合 32206 工作面的具体工程地质资料,合理选择相似模拟材料的组成成分,各岩层材料配制以沙子为骨料,以石膏和生石灰为胶结物,在岩层交界处铺设一层云母粉以模拟岩层的层理与分层。根据计算出的相似材料的力学参数对选定的材料进行配比实验,得到相似材料配比和用量见表 5-3,其中,风积沙通过施加到模型上的配重块来模拟。

表 5-3　相似材料配比和用量

岩　性	层厚 /cm	骨料和胶结物 总质量/kg	配　比 (沙子：生石灰：石膏)	沙子质量 /kg	生石灰 质量/kg	石膏质量 /kg	水质量 /kg
风积沙	83	393.62		393.62			19.68
粉砂岩	9	65.62	80：7：3	58.33	5.10	2.19	3.28
细砂岩	15	112.54	80：6：4	100.40	7.28	4.86	5.63
中砂岩	11	78.67	80：5：5	69.93	4.37	4.37	3.93
1^{-2}煤	2	8.88	90：8：2	8.00	0.70	0.18	0.44
泥岩	4	25.34	90：7：3	22.81	1.77	0.76	1.27
粉砂岩	5	36.96	80：7：3	32.85	2.88	1.23	1.85
泥岩	10	63.36	90：7：3	57.02	4.44	1.90	3.17
粉砂岩	1	7.39	80：7：3	6.57	0.57	0.25	0.37
泥岩	4	25.34	90：7：3	22.81	1.77	0.76	1.27
细砂岩	35	262.08	80：6：4	232.96	20.38	8.74	13.10
粉砂岩	1	7.39	80：7：3	6.57	0.57	0.25	0.37
泥岩	4	25.34	90：7：3	22.81	1.77	0.76	1.27
2^{-2}煤	11	47.84	90：8：2	43.06	3.02	0.76	2.39
细砂岩	10	72.96	80：6：4	64.85	4.87	3.24	3.65

5.2.4　监测方案

（1）位移监测

采用高分辨率数码照相机拍摄工作面每步开挖后监测点的位移变化情况,并将图片导入 CAD 中,通过绘图描点的方法整理出整个实验过程中模型位移场的演化规律,从而可以方便快速地整理出位移数据,监测示意图如图 5-8 所示。在铺设完成的模型上布置了 10 cm×10 cm 的观测点,从直接顶开始向上布置,共布置 230 个监测点,每开挖一步都要监测模型位移场变化情况。

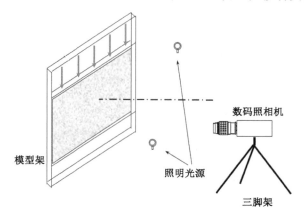

图 5-8　位移监测示意图

（2）应力监测

　　通过压力盒进行应力测量,在直接顶和基本顶上部布置压力盒（见图 5-9）,另外在两条主控裂纹附近布置多个压力盒对裂纹附近的正应力和剪应力变化情况进行重点监测。应力监测点按照设计要求的间距进行布置,实验模型共布置 22 个应力监测点。其中,$1^{\#}$—$9^{\#}$ 及 $18^{\#}$—$22^{\#}$ 为煤层顶板的应力监测点;$10^{\#}$—$17^{\#}$ 为主控裂纹附近的应力监测点。应力监测点布置见图 5-7。

图 5-9　压力盒布置情况

5.2.5 实验模型铺设及开挖方案

按照设计要求,在顶板的特定位置布设主控裂纹。在模型铺设一定厚度之后,通过加工好的模具布置裂纹,首先在模具两侧涂油,然后将模具固定,在模具的下方铺设填料并逐层夯实,待模具下方填料铺设完成之后再在模具上方铺设填料,并逐层夯实,如图5-10所示。

(a)   (b)

(a) 裂纹 1;(b) 裂纹 2。

图 5-10　主控裂纹布置情况

埋设压力盒时应确保压力盒下方填料的夯实和平整,放置压力盒后在盒顶部放置适量细砂,以保证压力盒的测量效果,再逐层填料、夯实。

按照工程地质要求,在计算各岩层用料总量的基础上,铺设各分层,铺平后用橡胶锤夯实,每次铺设厚度为 2 cm,尽量保证平稳均匀,每层之间加云母粉使模型层理分明。待模型铺设完成之后,在模型顶部加配重块,以模拟风积沙。铺设完成后的模型如图5-11所示。

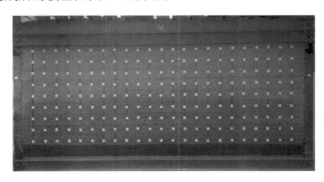

图 5-11　铺设完成的实验模型

5.3　实验结果分析

5.3.1　顶板垮落分析

调整好实验系统后开始实验,从模型右侧往左侧开挖,开切眼距离模型右侧边界 25 cm,以减小边界效应,开挖步距 5 cm(对应原型 10 m),每次开挖之后将模型静置一段时间再进行下一步开挖,监测系统不间断采集数据。

随着工作面的推进,工作面煤壁一侧的支承压力区与采空区一侧的卸压区之间形成急剧的应力变化带,使得顶板在工作面前方煤壁附近产生拉剪破坏,且破坏区域随着工作面的推进不断延伸。工作面推进过程中,直接顶岩体损伤加剧并出现较大层间开裂,当工作面推进 20 m 时直接顶初次垮落,如图 5-12(a)所示,且覆岩有扩展裂缝延伸到顶板,此时覆岩虽有离层出现但还较为稳定;当工作面推进 22.5 m 时,顶板裂纹扩展加剧,并在较短时间内发生初次垮落,如图 5-12(b)所示。这说明在采动卸荷作用下工作面上部岩梁两侧不断产生拉剪破坏,破坏区域随着工作面的推进不断扩展,并向着上覆岩层延伸。

(a)　　　　　　　　　　　　　　(b)

(a) 直接顶初次垮落;(b) 顶板初次来压。

图 5-12　顶板初次垮落

顶板初次垮落之后,当工作面推进 30 m 时,顶板再次出现离层和垮落现象,顶板的垮落高度不断增大,如图 5-13(a)所示。工作面再往前推进,工作面上部的剪切破坏造成损伤区域的贯通,使上覆岩层发生切落,造成支架工作阻力的突然升高。工作面推进 35 m 时顶板第一次周期来压,来压步距为12.5 m,如图

5-13(b)所示。工作面采高较大,造成顶板的"悬臂梁"式垮落现象。

(a) 　　　　　　　　　　　　　　(b)

(a) 顶板离层量增大;(b) 顶板周期来压。

图 5-13　顶板第一次周期来压

　　在第一次周期来压之后,随着工作面的继续推进,由于采高较大,顶板形不成"砌体梁"结构,而以"悬臂梁"的形式存在[见图 5-14(a)]。工作面继续往前推进,"悬臂梁"悬伸长度不断增大,上覆岩层的裂隙发育,工作面推进47.5 m 时,在上覆岩层荷载作用下,直接顶岩体形成贯通的垂直裂缝,顶板在支架上方切落,使支架压缩量增大[见图 5-14(b)],顶板发生第二次周期来压,来压步距为 12.5 m。结合两次周期来压可判断,周期来压步距约为 12.5 m。

(a) 　　　　　　　　　　　　　　(b)

(a) 悬臂梁;(b) 顶板切落。

图 5-14　顶板第二次周期来压

随着工作面与主控裂纹间距的减小,主控裂纹尖端应力集中程度不断加大;支架上方顶板"悬臂梁"的悬伸长度不断增大,使得主控裂纹受到的拉剪应力作用不断增大,在拉剪应力作用下裂纹持续扩展,规模不断扩大,且有伴生裂纹产生;工作面上方剪切破坏加剧,使主控裂纹不断向下扩展,直至沟通工作面,形成排列状裂纹组,在拉应力作用下裂纹宽度不断加大,从而导致切顶线形成。当工作面推进 55 m 时,顶板发生大规模柱式切落,顶板滑移,切顶线高度达 17.5 m,造成大范围的覆岩垮落。如图 5-15 所示。

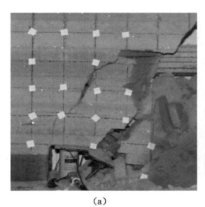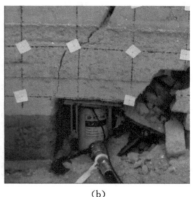

(a)　　　　　　　　　　　　　(b)

(a) 主控裂纹扩展贯通;(b) 顶板架前切落。

图 5-15　工作面过主控裂纹 1 顶板切落(倾角为 60°)

直接顶在支架上方切落,垮落的岩体对支架产生冲击动荷载作用,造成支架的压缩变形。由于主控裂纹倾角存在,切顶线沿着裂纹倾角扩展,使得在顶板切落时,支架受到的水平力指向煤壁,切落岩体的重心远离工作面,支架的受力作用点后移,支架顶梁的受力不均匀,其后方受力较大,从而造成支架后方压缩、前方抬起。顶板来压过程中,由于主控裂纹的存在,来压步距减小为7.5 m,比正常周期来压时减小了 5 m。

工作面过主控裂纹之后呈现"短砌体梁"结构,如图 5-16(a)所示。随着工作面的继续往前推进,顶板回转量逐渐增大,当工作面推进 65.5 m 时,顶板再次来压,如图 5-16(b)所示。顶板的垮落步距为 10.5 m,与正常周期来压时的来压步距 12.5 m 相差不大。这说明在工作面通过主控裂纹之后,主控裂纹对周期来压的影响作用有所降低。

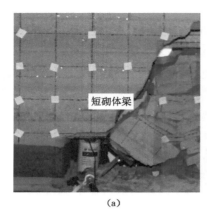

(a)"短砌体梁"结构;(b)顶板周期来压。

图 5-16　顶板第四次来压

　　随着工作面的继续推进,顶板悬空面积不断增加,使主控裂纹 2 受到的拉剪应力不断增大,主控裂纹 2 开始扩展。随着工作面的继续推进,顶板裂纹扩展量增大,在原裂纹的两端出现细小的拉裂纹,应力集中程度增大使得裂纹进一步向上和向下扩展,裂纹长度不断增大。如图 5-17(a)和图 5-17(b)所示,在此过程中不断有次生裂纹产生。

　　在拉应力作用下裂纹宽度不断增大,逐渐形成贯穿上覆岩层的切顶线,如图 5-17(c)所示;当工作面推进 76 m 过主控裂纹时,裂纹贯穿直接顶[见图 5-17(d)];在支架上方沿切顶线形成大范围的滑移式垮落,柱式切落特征明显,如图 5-17(e)所示,切顶时的顶板来压步距为 10.5 m,大于裂纹倾角为60°时的来压步距;来压过程中顶板呈现"悬臂梁"结构,已经垮落的岩体对切落岩体的水平力作用较小,使得切落岩体出现滑移式垮落现象,即顶板首先沿切顶线滑移继而发生大范围的倾覆现象;在切顶过程中,支架受到的指向采空区的水平力较大,使切落的上覆岩体重心和支架受力的作用点前移,从而造成支架的压缩量突增,支架整体被压死,如图 5-17(f)所示。这说明裂纹倾角越大覆岩垮落的范围也就越大,亦容易使支架产生更大的压缩量;过倾角越大的主控裂纹,顶板一旦切落,造成的破坏作用越大。因此,在支架选型时应充分考虑上覆岩层的赋存形式及岩体的岩性特征,据此来分析诱发顶板切落时可能的切顶破坏形式。

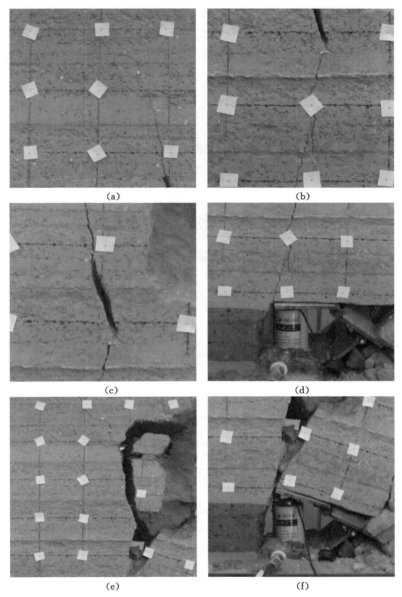

（a）裂纹向上扩展；（b）裂纹向下扩展；（c）裂纹宽度不断增大；

（d）裂纹贯穿直接顶；（e）覆岩滑移垮落；（f）支架被压垮。

图 5-17　工作面过主控裂纹 2 顶板切落（倾角为 120°）

　　工作面推过第二条主控裂纹之后继续往前推进,待工作面推进 87.5 m 时,顶板再次来压,如图 5-18 所示。顶板来压步距为 11.5 m,比正常周期来压步距减小 1 m 左右。这主要是由于过主控裂纹之后切顶作用使应力集中作用增大,采动作用对顶板造成的破坏作用增大。

图 5-18　顶板第六次周期来压

5.3.2　覆岩下沉规律

　　(1) 工作面推进过程中顶板下沉量分析

　　为研究上覆岩层位移特征,监测分析工作面推进过程中上覆岩层的沉降规律,尤其是采动作用下过主控裂纹时的顶板位移特征。分析工作面推进不同距离时监测点的垂直位移变化情况,同时对比分析工作面推进到主控裂纹附近时的位移变化情况,研究裂纹扩展使顶板大范围切落造成的竖向位移突变特征。提取相似材料模型中监测点垂直位移进行分析。

　　图 5-19 为工作面推进不同距离时监测点的垂直位移变化曲线。分析图中曲线可知,随着工作面往前推进,监测点逐步进入垮落带,顶板岩层出现周期性的折断,主要表现为突然的下沉。顶板的来压过程均造成上覆岩层明显的竖向位移变化。由于采高较大,工作面推进过程中上覆岩层垮落时的下沉量也较大,垮落特征明显,顶板的竖向位移值均较大。工作面顶板切落时,顶板倾覆进入采空区,造成顶板向回采空间具有一定的水平位移量。

　　工作面通过两条主控裂纹时,上覆岩层的倾覆式切顶垮落造成顶板竖向位移的突变,使竖向位移急剧增大。工作面通过主控裂纹后,顶板岩层趋于

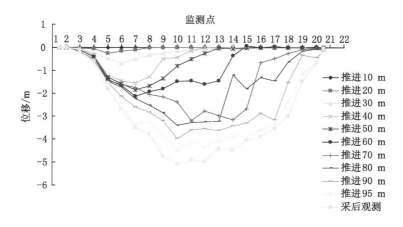

图 5-19　监测点的垂直位移曲线

"悬臂梁"式下沉,下沉量降低。之后顶板周期来压时的位移与工作面开始推进时的位移差别不大。

（2）工作面过主控裂纹时顶板下沉量分析

由图 5-20 可知,工作面过主控裂纹时,由于上覆岩层的大范围垮落,主控裂纹 1 和主控裂纹 2 附近顶板的下沉量均急剧增大,分别达到了 1.6 m 和 1.44 m,且主控裂纹 1 的下盘岩体下沉量明显大于其上盘岩体的下沉量,主控裂纹 2 的上盘岩体下沉量明显大于其下盘岩体的下沉量,这主要是顶板沿裂纹面切落失稳造成的。而当工作面通过裂纹切顶区域之后,顶板下沉趋于缓和,过主控裂纹 1 切顶时的顶板最大下沉量大于过主控裂纹 2 的下沉量。这是由于工作面过主控裂纹 1 时,柱式结构倾覆切落,岩体回转向着采空区方向垮落;而当工作面通过主控裂纹 2 时,柱式结构沿裂纹线滑移失稳,在支架支撑作用力不足时发生倾覆,垮落岩体的整体性较强,垮落体集中在支架上方。但过主控裂纹时的顶板下沉量均表现出急剧增大的变化规律。

5.3.3　工作面支承压力演化规律

（1）主控裂纹扩展规律

由于裂纹倾角的不同,裂纹的扩展方式也有差异。随着工作面的推进,工作面上覆岩层周期性垮落,当工作面推进到距离主控裂纹 7.5 m 时,在采动应力作用下,主控裂纹 1 开始活化,表现为主控裂纹上部尖端有新的裂纹产生,

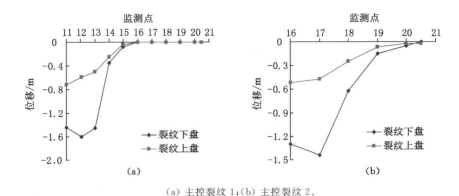

（a）主控裂纹 1；（b）主控裂纹 2。

图 5-20　过主控裂纹时的顶板垂直位移曲线

并且随着工作面的推进不断扩展,裂纹宽度逐渐增大,主控裂纹两边有新的裂纹产生,逐渐在顶板中形成拉裂纹组。在上覆荷载形成的拉剪应力作用下,裂纹扩展贯通到工作面,切顶通道形成,顶板切落,切落的那部分岩层整体表现为向着工作面方向的倾覆式切落破坏[见图 5-21（a）]。当工作面推进到主控裂纹 2 时,采动应力同样造成主控裂纹的活化、扩展,使裂纹由上覆岩层延伸至工作面[见图 5-21（b）]。由于主控裂纹 2 赋存形式不同,其破坏形式不同于主控裂纹 1,表现为岩体首先沿着裂纹面滑移,当垮落岩层形不成足够的支承作用时,再沿滑移线倾覆失稳,产生滑移式失稳破坏。

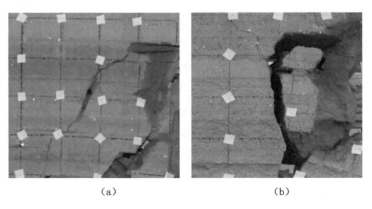

（a）主控裂纹 1；（b）主控裂纹 2。

图 5-21　主控裂纹扩展、贯通

　　由图 5-21 中岩层切落特征可以判断,滑移式切顶的规模要大于倾覆式,顶板一旦切落,往往造成大规模的覆岩垮落,对支架造成巨大的破坏。根据实验过程中主控裂纹活化扩展的临界点、顶板来压步距和切落时的位移变化情况,工作面通过主控裂纹 1 时与过主控裂纹 2 时相比更易发生切顶事故,往往对支架造成冲击荷载作用,带来剧烈的矿压显现。

　　(2)过主控裂纹时的矿压分布

　　随着工作面的往前推进,煤层的采出会使工作面前方形成超前支承压力,使围岩应力重新分布。当工作面通过含裂纹的顶板时,裂纹的存在使工作面的支承压力状态发生改变,同时也造成损伤区域附近的应力集中,开采过程中裂纹的活化、变形等同样会对围岩产生应力作用,最后导致岩层大范围的切顶冲击现象。这种作用往往会以大范围切顶的形式表现出来,对工作面的正常推进造成极大的影响。因此,实验通过在直接顶上方布置压力盒的方式来监测工作面推进过程中和过主控裂纹时的支承压力变化情况,以主控裂纹 1 附近布置的 5#、6# 监测点和主控裂纹 2 附近的 7#、8# 监测点为例,分析切顶瞬间支承压力的变化规律。工作面推进过程中监测点的支承压力曲线如图 5-22 所示。

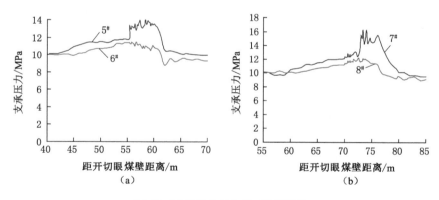

(a) 5#、6# 监测点;(b) 7#、8# 监测点。

图 5-22　监测点支承压力变化情况

　　从图 5-22 中监测点支承压力变化曲线可以发现,顶板切落时支承压力变化存在以下规律,在主控裂纹开始活化前,监测点支承压力变化平缓,5# 监测点支承压力值为 10.13 MPa,6# 监测点支承压力值为 10.05 MPa,7# 监测点支承压力值为 10.19 MPa,8# 监测点支承压力值为 10.11 MPa。由于工作面开采前主控裂纹附近已经形成较高的应力状态,随着工作面与主控裂纹距离的不断减小,支承压力前移,并与集中应力相叠加,主控裂纹附近的应急集中程度不断增大,裂纹开始活化、裂隙扩展,造成主控裂纹附近监测点支承压力持续增大。等到工作面推过主控裂纹时,裂纹附近发生较大的剪切变形,使得上覆岩层突然失稳,造成支承压力值迅速增大,5# 监测点最大值达 13.95 MPa,7# 监测点最大值达 16.25 MPa。因此,可以判断支承压力值突变点为顶板大范围切落的转折点。在过主控裂纹之后,由于顶板呈现"悬臂梁"结构,顶板接近初次破断时的特征,上覆岩层的支承压力有下降趋势,且岩层完整,没有发生破断,对上覆岩层有一定的支承作用,造成过主控裂纹后的支承压力值与切顶前相比有所减小。

工作面过主控裂纹 2 与过主控裂纹 1 相比,顶板支承压力值偏大,支承压力最大值增加了 2.3 MPa,这主要与主控裂纹的赋存和失稳情况相关,从实验过程来看,主控裂纹 2 失稳时切落的岩体范围要大于主控裂纹 1 失稳时的。对比主控裂纹 1 和主控裂纹 2 的失稳模式可以发现,主控裂纹 1 附近顶板为倾覆式切落失稳,主控裂纹 2 附近顶板为滑移式切落失稳,在失稳过程中,主控裂纹 2 整体性破坏,其失稳岩体范围较大,完整性强,沿煤壁切落,造成支承压力值的增大。

(3)主控裂纹活化时的应力分布

主控裂纹上的应力监测点布置如图 5-7 所示。10#、11#、16#、17# 压力盒布置在主控裂纹 1 附近,构成 A 监测点;12#、13#、14#、15# 压力盒布置在主控裂纹 2 附近,构成 B 监测点。通过 11# 和 13# 压力盒监测主控裂纹的正应力 N 的变化,A、B 监测点处的剪应力 F 可根据主控裂纹附近一微元体的平衡条件由 10#、11# 和 12#、13# 压力盒的测量结果计算得到[191]。由竖直方向的平衡条件 $\sum Y = 0$ 得:

$$N\cos\theta + F\sin\theta + P_2 = 0 \tag{5-5}$$

则主控裂纹带上剪应力的计算公式为:

$$F = -(P + N\cos\theta)/\sin\theta \tag{5-6}$$

式中　N,F——裂纹带上的正应力、剪应力,MPa;

　　　P——垂直应力,MPa;

　　　θ——主控裂纹倾角,(°)。

　　图 5-23 为主控裂纹 1 和主控裂纹 2 处的正应力随工作面推进的变化曲线。两裂纹附近的正应力表现出不同的变化特征。由图 5-23(a)中的曲线变化趋势可知,当工作面离裂纹较远时,监测点附近的正应力基本不变,随着工作面推进,顶板支承压力前移,与裂纹附近的集中作用力相互叠加,造成正应力的增大。当工作面与主控裂纹 1 距离为 15 m 左右时,正应力开始增大,随着工作面与裂纹距离的继续减小,正应力不断增加,最大值达 6.86 MPa,比初始应力增加了 3.36 MPa。随着工作面的继续推进,采动作用造成主控裂纹 1 附近的拉剪应力作用,从而使得裂纹活化,主控裂纹扩展贯通,且裂纹宽度不断增大,造成正应力值的迅速下降,当覆岩发生倾覆式切落时,裂纹正应力减小为零。

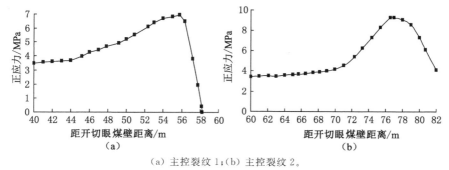

(a) 主控裂纹 1;(b) 主控裂纹 2。

图 5-23　主控裂纹处正应力变化曲线

　　由图 5-23(b)中的曲线变化趋势可知,主控裂纹 2 处的正应力在工作面回采的最初阶段基本保持不变,随着工作面与主控裂纹距离的减小,在支承压力前移和主控裂纹附近的应力集中作用下,主控裂纹开始活化,正应力出现增大趋势,随着裂纹扩展、贯通,一直到覆岩沿切顶线切落,正应力持续增大到最大值 9.29 MPa,之后由于岩层滑移应力释放,正应力开始降低,逐步降低到 3.05 MPa,低于原始应力值。

　　图 5-24 为主控裂纹 1 和主控裂纹 2 处的剪应力随工作面推进的变化曲线。由图中曲线可知,主控裂纹 1 和主控裂纹 2 处的剪应力呈现类似的变化趋势,都是先升高、后降低,所不同的是主控裂纹 2 的剪应力下降趋势较缓和。

　　由图 5-24(a)中剪应力曲线可知,在煤层开采初期剪应力较低,变化趋势不明显,随着工作面与裂纹距离的逐渐减小,支承压力不断前移,应力集中作用增大,主控裂纹开始活化,裂纹尖端新裂隙产生、扩展,使剪应力逐步升高,当裂隙贯通时剪应力升高到最大值 3.95 MPa,之后伴随着裂纹宽度的增大、

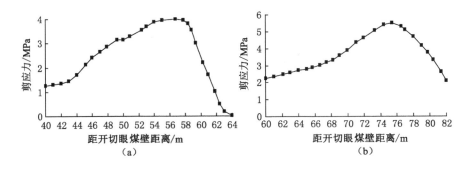

(a) 主控裂纹 1；(b) 主控裂纹 2。

图 5-24　主控裂纹处剪应力变化曲线

顶板切落，剪应力开始快速下降。

由图 5-24(b)中剪应力曲线可知，在工作面回采初期剪应力较低，裂纹活化时剪应力有升高的趋势，当切顶线贯通后，由于岩层沿切顶线滑移垮落，剪应力持续升高，达最大值 5.49 MPa，当裂纹宽度增大到一定值后，剪应力开始降低，但剪应力降低稍缓慢。

由图 5-23 和图 5-24 中主控裂纹处的正应力和剪应力随工作面推进变化趋势的分析结果可知，正应力和剪应力的变化主要与岩层的破坏方式有关。工作面过主控裂纹 1 时，顶板为拉剪应力作用下的倾覆式切落，因此其正应力和剪应力表现出先增大而后急剧降低的趋势；工作面过主控裂纹 2 时，顶板为压剪应力作用下的滑移式切落，岩体沿裂纹面滑移切落，其正应力和剪应力均先表现出持续增大的趋势，待工作面通过主控裂纹之后再开始降低，但降低趋势比过主控裂纹 1 时缓和。

5.4　工作面推进过程中支架工作阻力变化规律

5.4.1　支架工作阻力分析

通过在工作面布置自制支护装置，来模拟液压支架，监测工作面推进过程中支架工作阻力变化规律。将支架模型近似等效成梁模型，根据采集的数据，近似计算工作面推进过程中支架的荷载。图 5-25 为工作面推进过程中的支架工作阻力变化曲线。从开切眼到直接顶初次垮落前，支架工作阻力提升幅度较小。当工作面推进 22.5 m 时,顶板初次来压,部分基本顶岩体垮落,支架工作阻力有明显提高,达到了 3 210 kN。工作面继续往前推进,支架工作阻力有所回落,当工作面推进 35 m 时,顶板第一次周期来压,支架工作阻力迅速增高,达到了 3 600 kN,随着顶板的垮落,上覆岩层层间裂缝逐渐增多,裂缝宽度增大。来压后,支架工作阻力再次回落,等到下次周期来压时,顶板出现小规模切顶现象[对应图 5-25 中 a 点和图 5-26(a)],造成支架工作阻力比上次来压时有一定幅度的增高,达到了 4 180 kN,顶板来压过程中支架工作阻力具有明显的波浪式变化特征。随着工作面往前推进到主控裂纹 1 附近时,由于主控裂纹的活化,集中应力释放,支架工作阻力增幅变大,上覆岩层垮落形成的岩柱发生倾覆式切落[对应图 5-25 中 b 点和图 5-26(b)],支架工作阻力出现了大幅度上升,达到了 4 780 kN,与第一次周期来压时相比,增幅为 33%,切顶事故造成了支架荷载的突然增大。之后切落的岩块倾覆到采空区,支架工作阻力回落。支架通过切落的岩柱继续往前推进,等到顶板再次来压时,来压强度明显降低,但是由于顶板切落后其前方岩层形成"悬臂梁"结构,支架工作阻力比周期来压时的大。当工作面推进到主控裂纹 2 附近时,顶板再次切落,上覆岩层沿切顶线发生滑移失稳,由于垮落的岩体范围较大,支架工作阻力大幅度增加至 5 890 kN,与第一次周期来压时相比增幅为 64%,且来压步距较长,造成了难以移架的后果。支架过主控裂纹 2 时顶板再次切落,支架工作阻力比过主控裂纹 1 时的增大了 1 110 kN[对应图 5-25 中 c 点和图 5-26(c)]。待工作面推过主控裂纹后,支架工作阻力回落明显,当工作面推进 87.5 m 时,顶板再次来压,支架工作阻力与第一次周期来压时相差不大,顶板来压恢复至正常状态。

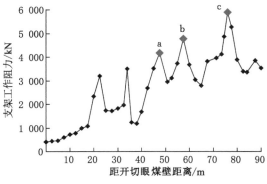

图 5-25　支架工作阻力变化曲线

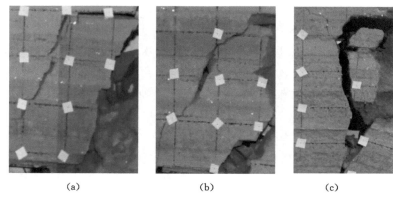

(a) 周期来压切顶；(b) 过主控裂纹 1 切顶；(c) 过主控裂纹 2 切顶。

图 5-26　工作面切顶位置

由工作面过两条主控裂纹时顶板切落的应力特征可知，裂纹倾角对于切顶线的形成有重要的影响，切顶线基本上是沿着主控裂纹的扩展方向形成的，当主控裂纹倾角增大时，上覆岩层裂隙贯通后顶板的剪切破坏特征明显，顶板发生滑移式切落，切顶造成支架的荷载迅速增大，与第 3 章中的分析结论相符合。

5.4.2　切落岩体形成的对比分析

顶板主控裂纹扩展、贯通，直至沟通上覆松散砂层，在厚松散砂层作用下，顶板呈整体下沉，造成顶板的大范围切落，从而形成对工作面支架的荷载作用，造成压架事故。

针对切顶线的形成，石平五等[14]根据大量观测和实验研究指出，浅埋煤层顶板在上覆厚砂土层作用下呈现整体下沉而不是离层运动，基本顶所承受的荷载集度大，垮落步距较小，形成的岩块比较短，来压前在煤壁前方大多不会完全破断，而是形成剪切破断，当工作面推进顶板达极限荷载时，表现为整体的台阶切落。

薛东杰等[201]通过相似材料模拟实验对浅埋煤层开采覆岩致裂机理进行了分析，提出了岩柱失稳的 3 种主要方式，即拉裂式崩塌失稳、滑移失稳和倾覆失稳。李正杰[108]根据实测分析将浅埋煤层顶板切落岩体分为超前切落体、垂直切落体和滞后切落体三类。在他们研究的结论中，覆岩切落方式的切顶线破裂角的形成主要与煤层的开采方式及顶板岩层的性质有关。但是在顶板含有主控裂纹条件下,顶板岩层的破断和切落除与岩性相关外,还与裂纹本身的倾角、长度等有重要关系,主控裂纹的扩展决定顶板的破断方式[202]。

通常在计算中把上覆岩层荷载作为均布荷载来考虑,而根据顶板切落的具体模型来分析,其失稳形式因切顶线的不同可以分为几种情况,且每种情况对应的荷载作用方式也不相同。对比图 5-26 中顶板周期来压切顶、过主控裂纹 1 切顶、过主控裂纹 2 切顶这三种情况下的顶板切落情况,可以分析得出顶板切落时覆岩的荷载。

浅埋煤层工作面顶板的切落角度主要与岩层的物理力学性质相关,在分析时可将上覆基岩作为整体组合结构考虑,各岩层的强度、刚度、厚度等决定岩体的切落形式,而基本顶破断后又进一步造成直接顶的剪切破坏。切落角直接影响切落体对直接顶的作用力。而当顶板有主控裂纹存在时,根据式(3-13)及实验模拟结果可知,切顶线的形成主要与裂纹的赋存形式相关。裂纹倾角控制切顶线的形成和上覆岩层切落时的荷载,进而影响对支架的作用方式。

参 考 文 献

[1] 黄庆享.浅埋煤层长壁开采顶板结构及岩层控制研究[M].徐州:中国矿业大学出版社,2000.

[2] 吕军,侯忠杰.影响浅埋煤层矿压显现的因素[J].矿山压力与顶板管理,2000,17(2):39-40.

[3] 聂伟雄.浅埋煤层长壁保水开采探究[J].煤矿现代化,2005(4):29-30.

[4] 秦巴列维奇.矿井支护[M].北京矿业学院编译室,译.北京:煤炭工业出版社,1957.

[5] BODRAC B B.Rock pressure features of Moscow Suburb coal-field[J].Coal,1981(2):38-49.

[6] HOLLA L,BUIZEN M.The ground movement,strata fracturing and changes in permeability due to deep longwall mining[J].International journal of rock mechanics and mining sciences & geomechanics abstracts,1991,28(2-3):207-217.

[7] HOLLA L.Some aspects of strata movement relating to mining under water bodies in New South Wales,Australia[C]//Proceedings of the Fourth International Mine Water Congress.[S.l.]:[s.n.],1991.

[8] SINGH R P,YADAV R N.Subsidence due to coal mining in India[C]//Proceedings of the 5th International Symposium on Land Subsidence.[S.l.]:[s.n.],1995.

[9] SINGH R,SINGH T N,DHAR B B.Coal pillar loading in shallow mining conditions[J].International journal of rock mechanics and mining sciences & geomechanics abstracts,1996,33(8):757-768.

[10] LUO Y,PENG S S.Prediction of subsurface for longwall mining operations[C]//Conference on Ground Control in Mining,2001.

[11] HUANG Q X.Roof structure theory and support resistance determina-
tion of longwall face in shallow seam[J].Journal of coal science and
engineering(China),2003,9(2):21-24.

[12] BOGERT H,JUNG S J,LIM H W.Room and pillar stope design in
highly fractured area[J].International journal of rock mechanics and
mining sciences,1997,34(3-4):145e1-145e14.

[13] JR HENSON H,SEXTON J L.Premine study of shallow coal seams
using high-resolution seismic reflection methods[J].Geophysics,1991,
56(9):1494-1503.

[14] 石平五,侯忠杰.神府浅埋煤层顶板破断运动规律[J].西安矿业学院学
报,1996,16(3):203-207,215.

[15] 张杰,侯忠杰,马砺.浅埋煤层老顶岩块回转过程中的溃沙分析[J].西安
科技大学学报,2006,26(2):158-160.

[16] HOU Z J,HUANG Q X.Research on ground behavior in a shallow
seam under thick loose strata[C]//Proceedings of the 2nd Internation-
al Symposium on Modern Coal Mining Technology,1993.

[17] 黄庆享.浅埋煤层长壁开采顶板控制研究[D].徐州:中国矿业大学,1998.

[18] 黄庆享.浅埋煤层的矿压特征与浅埋煤层定义[J].岩石力学与工程学报,
2002,21(8):1174-1177.

[19] 黄庆享,张沛,刘文岗.浅埋煤层采动厚砂土层破坏形态和机理分析[J].
矿山压力与顶板管理,2004,21(3):23-26.

[20] 黄庆享,张沛.厚砂土层下顶板关键块上的动态载荷传递规律[J].岩石力
学与工程学报,2004,23(24):4179-4182.

[21] 黄庆享,张沛.厚沙土层下采场顶板关键层及其结构上的动态载荷分布
规律[C]//西安科技大学2004年学术大会论文集,2004:32-35.

[22] 黄庆享.厚沙土层在顶板关键层上的载荷传递因子研究[J].岩土工程学
报,2005,27(6):672-676.

[23] 侯忠杰.浅埋煤层关键层研究[J].煤炭学报,1999,24(4):359-363.

[24] 侯忠杰.组合关键层理论的应用研究及其参数确定[J].煤炭学报,2001,
26(6):611-615.

[25] 谢胜华,侯忠杰.浅埋煤层组合关键层失稳临界突变分析[J].矿山压力与

顶板管理,2002,19(1):67-69,72.

[26] 侯忠杰,张杰.厚松散层浅埋煤层覆岩破断判据及跨距计算[J].辽宁工程技术大学学报,2004,23(5):577-580.

[27] 许家林,朱卫兵,王晓振,等.浅埋煤层覆岩关键层结构分类[J].煤炭学报,2009,34(7):865-870.

[28] 陈忠辉,冯竞竞,肖彩彩,等.浅埋深厚煤层综放开采顶板断裂力学模型[J].煤炭学报,2007,32(5):449-452.

[29] 陈忠辉,谢和平,李全生.长壁工作面采场围岩铰接薄板组力学模型研究[J].煤炭学报,2005,30(2):172-176.

[30] 赵宏珠.印度浅埋深难垮顶板煤层地面爆破综采研究[J].矿山压力与顶板管理,1999(3):57-60.

[31] 赵宏珠.印度综采长壁工作面浅部开采实践[J].中国煤炭,1998(12):49-51.

[32] 赵宏珠.浅埋采动煤层工作面矿压规律研究[J].矿山压力与顶板管理,1996(2):23-27.

[33] 赵宏珠.浅埋深整体性强的软岩条件下的长壁综合机械化开采[J].中国煤炭,1999(6):52-56.

[34] 张世凯,王永申,李钢.厚松散层薄基岩煤层矿压显现规律[J].矿山压力与顶板管理,1998(3):5-8.

[35] 杨治林,余学义,郭何明,等.浅埋煤层长壁开采顶板岩层灾害机理研究[J].岩土工程学报,2007,29(12):1763-1766.

[36] 杨治林.浅埋煤层长壁开采顶板岩层灾害控制研究[J].岩土力学,2011,32(增刊1):459-463.

[37] 王晓振,许家林,朱卫兵,等.浅埋综采面高速推进对周期来压特征的影响[J].中国矿业大学学报,2012,41(3):349-354.

[38] 王家臣,王蕾,郭尧.基于顶板与煤壁控制的支架阻力的确定[J].煤炭学报,2014,39(8):1619-1624.

[39] 付玉平,宋选民,邢平伟,等.浅埋薄煤层综采工作面矿压规律及围岩控制研究[J].中国煤炭,2010,36(11):40-42.

[40] 任艳芳,马兆瑞.厚松散层浅埋大采高综放工作面切顶压架原因分析[C]//综采放顶煤技术理论与实践的创新发展:综放开采30周年科技

论文集,2012:279-286.

[41] 王旭锋,张东升,张炜,等.沙土质型冲沟发育区浅埋煤层长壁开采支护阻力的确定[J].煤炭学报,2013,38(2):194-198.

[42] 冯军发,周英,张开智,等.神东矿区综采面采高对来压步距的影响分析[J].采矿与安全工程学报,2017,34(4):632-636,643.

[43] 姜海军,曹胜根,张云,等.浅埋煤层关键层初次破断特征及垮落机理研究[J].采矿与安全工程学报,2016,33(5):860-866.

[44] 周金龙,黄庆享.浅埋大采高工作面顶板关键层结构稳定性分析[J].岩石力学与工程学报,2019,38(7):1396-1407.

[45] 黄庆享,黄克军,赵萌烨.浅埋煤层群大采高采场初次来压顶板结构及支架载荷研究[J].采矿与安全工程学报,2018,35(5):940-944.

[46] 王家臣,王兆会.浅埋薄基岩高强度开采工作面初次来压基本顶结构稳定性研究[J].采矿与安全工程学报,2015,32(2):175-181.

[47] 王国法,庞义辉.液压支架与围岩耦合关系及应用[J].煤炭学报,2015,40(1):30-34.

[48] 王国法,庞义辉,李明忠,等.超大采高工作面液压支架与围岩耦合作用关系[J].煤炭学报,2017,42(2):518-526.

[49] 王国法,庞义辉.基于支架与围岩耦合关系的支架适应性评价方法[J].煤炭学报,2016,41(6):1348-1353.

[50] 王国法,庞义辉,张传昌,等.超大采高智能化综采成套技术与装备研发及适应性研究[J].煤炭工程,2016,48(9):6-10.

[51] 庞义辉,王国法.大采高液压支架结构优化设计及适应性分析[J].煤炭学报,2017,42(10):2518-2527.

[52] 尹希文.浅埋煤层超大采高覆岩"切落体"结构研究及应用[D].北京:煤炭科学研究总院,2020.

[53] 杨达明,郭文兵,于秋鸽,等.浅埋近水平煤层采场覆岩压力拱结构特性及演化机制分析[J].采矿与安全工程学报,2019,36(2):323-330.

[54] 马资敏,吴士良,穆玉兵,等.特厚煤层综放采场矿压异常显现机理与控制[J].煤炭学报,2018,43(增刊2):359-368.

[55] 刘洪磊,杨天鸿,张博华,等.西部煤层开采覆岩垮落及矿压显现影响因素研究[J].煤炭学报,2017,42(2):460-469.

[56] 赵毅鑫,王新中,周金龙,等.综采工作面基本顶厚跨比对其初次断裂失稳影响规律[J].煤炭学报,2019,44(1):94-104.

[57] 赵雁海,宋选民.浅埋超长工作面裂隙梁铰拱结构稳定性分析及数值模拟研究[J].岩土力学,2016,37(1):203-209.

[58] 伊康,弓培林,刘畅.浅埋薄表土层薄基岩综放工作面覆岩结构及顶板控制[J].煤炭学报,2018,43(5):1230-1237.

[59] 汪北方,梁冰,孙可明,等.典型浅埋煤层长壁开采覆岩采动响应与控制研究[J].岩土力学,2017,38(9):2693-2700.

[60] 徐刚,宁宇,闫少宏.工作面上覆岩层蠕变活动对支架工作阻力的影响[J].煤炭学报,2016,41(6):1354-1359.

[61] 闫少宏,尹希文,许红杰,等.大采高综采顶板短悬臂梁-铰接岩梁结构与支架工作阻力的确定[J].煤炭学报,2011,36(11):1816-1820.

[62] 左建平,孙运江,钱鸣高.厚松散层覆岩移动机理及"类双曲线"模型[J].煤炭学报,2017,42(6):1372-1379.

[63] 柴蕊.综采工作面周期来压步距受回采速率影响研究[J].煤田地质与勘探,2016,44(4):119-124,131.

[64] 于秋鸽,张华兴,邓伟男,等.采动影响下断层面离层空间产生及其对开采空间传递作用分析[J].煤炭学报,2018,43(12):3286-3292.

[65] 郭金刚,王伟光,何富连,等.大断面综放沿空巷道基本顶破断结构与围岩稳定性分析[J].采矿与安全工程学报,2019,36(3):446-454.

[66] 刘长友,杨敬轩,于斌,等.多采空区下坚硬厚层破断顶板群结构的失稳规律[J].煤炭学报,2014,39(3):395-403.

[67] 吴锋锋,杨敬轩,于斌,等.厚及特厚煤层工作面顶板垮落高度的确定[J].中国矿业大学学报,2014,43(5):765-772.

[68] 鞠金峰,许家林,朱卫兵.关键层结构提前滑落失稳对浅埋近距离煤层出煤柱压架灾害的影响[J].煤炭学报,2015,40(9):2033-2039.

[69] 吴锋锋,刘长友,杨敬轩.一种基于板结构理论的顶板初次垮断步距简便计算方法[J].采矿与安全工程学报,2014,31(3):399-405.

[70] 许永祥,王国法,李明忠,等.特厚坚硬煤层超大采高综放开采支架-围岩结构耦合关系[J].煤炭学报,2019,44(6):1666-1678.

[71] 侯忠杰,黄庆享.松散层下浅埋薄基岩煤层开采的模拟[J].陕西煤炭技

术,1994(2):38-41.

[72] 黄庆享.浅埋煤层采动厚砂土层破坏规律模拟[J].长安大学学报(自然科学版),2003,23(4):25-27.

[73] 黄庆享,刘文岗,田银素.近浅埋煤层大采高矿压显现规律实测研究[J].矿山压力与顶板管理,2003,20(3):58-59.

[74] 张杰,侯忠杰.厚土层浅埋煤层覆岩运动破坏规律研究[J].采矿与安全工程学报,2007,24(1):56-59.

[75] 鞠金峰,许家林,朱卫兵,等.近距离煤层工作面出倾向煤柱动载矿压机理研究[J].煤炭学报,2010,35(1):15-20.

[76] 鞠金峰,许家林,王庆雄.大采高采场关键层"悬臂梁"结构运动型式及对矿压的影响[J].煤炭学报,2011,36(12):2115-2120.

[77] 宋选民,顾铁凤,闫志海.浅埋煤层大采高工作面长度增加对矿压显现的影响规律研究[J].岩石力学与工程学报,2007,26(增2):4007-4012.

[78] 付玉平,宋选民,邢平伟,等.浅埋厚煤层大采高工作面顶板岩层断裂演化规律的模拟研究[J].煤炭学报,2012,37(3):366-371.

[79] 杜锋,白海波.厚松散层薄基岩综放开采覆岩破断机理研究[J].煤炭学报,2012,37(7):1105-1110.

[80] 杜锋,白海波,黄汉富,等.薄基岩综放采场基本顶周期来压力学分析[J].中国矿业大学学报,2013,42(3):362-369.

[81] 侯树宏,柴敬,吕兆海.近浅埋煤层软岩条件下综采工作面顶板破断规律[J].煤炭技术,2008,27(10):46-48.

[82] 任艳芳,李正杰.浅埋深长壁采场顶板切落破坏的时序特征试验[J].煤炭学报,2019,44(增刊2):399-409.

[83] 任艳芳,齐庆新.浅埋煤层长壁开采围岩应力场特征研究[J].煤炭学报,2011,36(10):1612-1618.

[84] 卢鑫,张东升,范钢伟,等.厚砂层薄基岩浅埋煤层矿压显现规律研究[J].煤矿安全,2008(9):10-12.

[85] 赵兴东,杨天鸿,唐春安,等.煤层顶板破断机理研究[J].矿业研究与开发,2003,23(5):8-11.

[86] 张杰,王斌.浅埋间隔采空区隔离煤柱稳定性及覆岩失稳特征研究[J].采矿与安全工程学报,2020,37(5):936-942.

［87］林光侨.浅埋煤层采场矿压规律及支架合理工作阻力研究［D］.北京：中国矿业大学（北京），2013.

［88］祝捷，张敏，唐俊，等.顶板断裂瞬间煤体稳定性的动力学分析及数值模拟［J］.煤炭学报，2014，39（2）：253-257.

［89］贾后省，马念杰，赵希栋.浅埋薄基岩采煤工作面上覆岩层纵向贯通裂隙"张开-闭合"规律［J］.煤炭学报，2015，40（12）：2787-2793.

［90］师本强.陕北浅埋煤层矿区保水开采影响因素研究［D］.西安：西安科技大学，2012.

［91］师本强，侯忠杰.浅埋煤层覆岩中断层对保水采煤的影响及防治［J］.湖南科技大学学报（自然科学版），2009，24（3）：1-5.

［92］王兆会，杨敬虎，孟浩.大采高工作面过断层构造煤壁片帮机理及控制［J］.煤炭学报，2015，40（1）：42-49.

［93］陈绍杰，尹大伟，张保良，等.顶板-煤柱结构体力学特性及其渐进破坏机制研究［J］.岩石力学与工程学报，2017，36（7）：1588-1598.

［94］任艳芳，宁宇，徐刚.浅埋深工作面支架与顶板的动态相互作用研究［J］.煤炭学报，2016，41（8）：1905-1911.

［95］任艳芳.浅埋深近距离煤层矿压及覆岩运动规律研究［J］.煤炭科学技术，2015，43（7）：11-14.

［96］任艳芳，宁宇，齐庆新.浅埋深长壁工作面覆岩破断特征相似模拟［J］.煤炭学报，2013，38（1）：61-66.

［97］张杰，龙晶晶，杨涛，等.浅埋煤层沟谷下开采动载机理研究［J］.采矿与安全工程学报，2019，36（6）：1222-1227.

［98］石平五.西部煤矿岩层控制泛述［J］.矿山压力与顶板管理，2002，19（1）：6-8.

［99］侯忠杰，邓广哲.神府石圪台矿111-2上02高产高效工作面"支架-围岩"模拟实验研究报告［R］.西安矿业学院矿山压力研究所，1994.

［100］许家林，朱卫兵，鞠金峰.浅埋煤层开采压架类型［J］.煤炭学报，2014，39（8）：1625-1634.

［101］许家林，朱卫兵，王晓振，等.沟谷地形对浅埋煤层开采矿压显现的影响机理［J］.煤炭学报，2012，37（2）：179-185.

［102］张志强.沟谷地形对浅埋煤层工作面动载矿压的影响规律研究［D］.徐

州：中国矿业大学，2011.

[103] 张志强，许家林，刘洪林，等.沟深对浅埋煤层工作面矿压的影响规律研究[J].采矿与安全工程学报，2013，30(4)：501-505.

[104] 王家臣.厚煤层开采理论与技术[M].北京：冶金工业出版社，2009.

[105] WANG J C，YANG S L，LI Y，et al.A dynamic method to determine the supports capacity in longwall coal mining[J].International journal of mining，reclamation and environment，2015，29(4)：277-288.

[106] 周海丰.大采高工作面过大断面空巷切顶机理及控制技术[J].煤炭科学技术，2014，42(2)：120-123，128.

[107] 陈冰.综放工作面切顶压架原因分析及防治技术[J].煤炭科学技术，2014，42(9)：83-86，145.

[108] 李正杰.浅埋薄基岩综采面覆岩破断机理及与支架关系研究[D].北京：煤炭科学研究总院，2014.

[109] 闫少宏，徐刚，张学亮，等.特厚煤层综放工作面大面积切顶压架原因分析[J].煤炭科学技术，2015，43(6)：14-18，140.

[110] 任艳芳.浅埋深工作面覆岩"悬臂梁-铰接岩梁"结构的提出与验证[J].煤炭学报，2019，44(增刊1)：1-8.

[111] 尹希文.综采工作面支架与围岩双周期动态作用机理研究[J].煤炭学报，2017，42(12)：3072-3080.

[112] 尹希文.浅埋超大采高工作面覆岩"切落体"结构模型及应用[J].煤炭学报，2019，44(7)：1961-1970.

[113] 李正杰，于海湧.浅埋综采工作面顶板岩层等步切落特征分析[J].煤矿开采，2014，19(2)：42-44，128.

[114] 韩红凯，王晓振，许家林，等.覆岩关键层结构失稳后的运动特征与"再稳定"条件研究[J].采矿与安全工程学报，2018，35(4)：734-741.

[115] 许家林，朱卫兵，鞠金峰，等.采场大面积压架冒顶事故防治技术研究[J].煤炭科学技术，2015，43(6)：1-8.

[116] 钱鸣高.20年来采场围岩控制理论与实践的回顾[J].中国矿业大学学报，2000，29(1)：1-4.

[117] 刘长友，钱鸣高，曹胜根，等.采场直接顶对支架与围岩关系的影响机制[J].煤炭学报，1997，22(5)：471-476.

[118] 曹胜根,钱鸣高,缪协兴,等.直接顶的临界高度与支架工作阻力分析[J].中国矿业大学学报,2000,29(1):73-77.

[119] 柴敬,高登彦,王国旺,等.厚基岩浅埋大采高加长工作面矿压规律研究[J].采矿与安全工程学报,2009,26(4):437-440.

[120] 徐曾和,徐小荷,唐春安.坚硬顶板下煤柱岩爆的尖点突变理论分析[J].煤炭学报,1995,20(5):485-491.

[121] 牟宗龙,窦林名.坚硬顶板突然断裂过程中的突变模型[J].矿山压力与顶板管理,2004,21(4):90-92.

[122] 赵常洲,李占强,魏凤华,等.地下工程中支架和围岩相互作用的突变模型[J].岩土力学,2005,26(增刊):17-20.

[123] 秦四清,何怀锋.狭窄煤柱冲击地压失稳的突变理论分析[J].水文地质工程地质,1995(5):17-20.

[124] 李江腾,曹平.非对称开采时矿柱失稳的尖点突变模型[J].应用数学和力学,2005,26(8):1003-1008.

[125] 赵延林,吴启红,王卫军,等.基于突变理论的采空区重叠顶板稳定性强度折减法及应用[J].岩石力学与工程学报,2010,29(7):1424-1434.

[126] 任智敏.基于尖点突变理论的大跨度巷道顶板稳定性分析[J].中国矿业,2014,23(10):111-114.

[127] 徐恒,王贻明,吴爱祥,等.基于尖点突变理论的充填体下采空区安全顶板厚度计算模型[J].岩石力学与工程学报,2017,36(3):579-586.

[128] 唐春安,徐小荷.岩石破裂过程失稳的尖点灾变模型[J].岩石力学与工程学报,1990,9(2):100-107.

[129] 桑博德.突变理论入门[M].凌复华,译.上海:上海科学技术文献出版社,1983.

[130] 陈忠辉,唐春安,傅宇方.岩石失稳破裂的变形突跳研究[J].工程地质学报,1997,5(2):143-149.

[131] 李夕兵.岩石动力学基础与应用[M].北京:科学出版社,2014:49-66.

[132] 钱鸣高,石平五,许家林.矿山压力与岩层控制[M].2版.徐州:中国矿业大学出版社,2010.

[133] 杨慧,曹平,汪亦显,等.斜裂纹应力强度因子的有限元计算及分析[J].武汉工程大学学报,2007,29(2):47-50.

[134] 李维红,王立久,包亦望,等.脆性材料中倾斜裂纹扩展的数值模拟与复合应力效应研究[J].岩石力学与工程学报,2005,24(A01):5103-5107.

[135] 闫明,张义民,何雪,等.热疲劳斜裂纹应力强度因子有限元分析[J].东北大学学报(自然科学版),2011,32(5):720-723.

[136] 张忠平,王锋会,姜照汉,等.光弹性五参数法确定Ⅰ-Ⅱ混合型裂纹应力强度因子[J].应用力学学报,2000,17(3):80-86.

[137] 李清,张迪,张随喜,等.冲击作用下含预制裂纹梁柱试件的动态断裂[J].爆炸与冲击,2015,35(5):651-658.

[138] 朱帝杰,陈忠辉,刘鑫,等.拉剪作用下煤岩不等长平行偏置裂纹相互作用[J].辽宁工程技术大学学报(自然科学版),2016,35(11):1212-1219.

[139] 杨立云,张勇进,孙金超,等.偏置裂纹对含双裂纹 PMMA 试件动态断裂影响效应研究[J].矿业科学学报,2017,2(4):330-335.

[140] 王进尚,姚多喜,黄浩.煤矿隐伏断层递进导升突水的临界判据及物理模拟研究[J].煤炭学报,2018,43(7):2014-2020.

[141] 尹大伟,陈绍杰,邢文彬,等.不同加载速率下顶板-煤柱结构体力学行为试验研究[J].煤炭学报,2018,43(5):1249-1257.

[142] 徐文彬,万昌兵,田喜春.温度裂隙对充填体强度耦合效应及裂纹扩展模式[J].采矿与安全工程学报,2018,35(3):612-619.

[143] 沈世伟,李国良,李冬,等.不同角度预制裂隙条件下双孔爆破裂纹扩展规律[J].煤炭学报,2019,44(10):3049-3057.

[144] 中国航空研究院.应力强度因子手册[M].增订版.北京:科学出版社,1993:320-321.

[145] 于骁中.岩石和混凝土断裂力学[M].长沙:中南工业大学出版社,1991.

[146] 陈炎光,钱鸣高.中国煤矿采场围岩控制[M].徐州:中国矿业大学出版社,1994.

[147] 许家林,鞠金峰.特大采高综采面关键层结构形态及其对矿压显现的影响[J].岩石力学与工程学报,2011,30(8):1547-1556.

[148] 徐世烺.混凝土断裂力学[M].北京:科学出版社,2011.

[149] 席婧仪,陈忠辉,朱帝杰,等.岩石不等长裂纹应力强度因子及起裂规律研究[J].岩土工程学报,2015,37(4):727-733.

[150] 席婧仪,陈忠辉,张伟.单轴拉伸作用下不等长裂纹相互影响的断裂力

学分析[J].岩石力学与工程学报,2014,33(增2):3625-3630.

[151] 王金安,尚新春,刘红,等.采空区坚硬顶板破断机理与灾变塌陷研究[J].煤炭学报,2008,33(8):850-855.

[152] 王金安,李大钟,尚新春.采空区坚硬顶板流变破断力学分析[J].北京科技大学学报,2011,33(2):142-148.

[153] 贺广零,黎都春,翟志文,等.采空区煤柱-顶板系统失稳的力学分析[J].煤炭学报,2007,32(9):897-901.

[154] 刘开云,乔春生,周辉,等.覆岩组合运动特征及关键层位置研究[J].岩石力学与工程学报,2004,23(8):1301-1306.

[155] 刘俊.基于板模型的顶板力学分析及应用[D].徐州:中国矿业大学,2008.

[156] 余同希.塑性力学[M].北京:高等教育出版社,1989:248-273.

[157] 徐秉业,刘信声.结构塑性极限分析[M].北京:中国建筑工业出版社,1985.

[158] 王金安,焦申华,谢广祥.综放工作面开采速率对围岩应力环境影响的研究[J].岩石力学与工程学报,2006,25(6):1118-1124.

[159] 王磊,谢广祥.综采面推进速度对煤岩动力灾害的影响研究[J].中国矿业大学学报,2010,39(1):70-74.

[160] 王兆会,杨胜利,孔德中.浅埋深薄基岩高强度开采工作面压架机理分析[J].煤炭科学技术,2015,43(3):1-5,9.

[161] 谢广祥,常聚才,华心祝.开采速度对综放面围岩力学特征影响研究[J].岩土工程学报,2007,29(7):963-967.

[162] 陈通.综采工作面推进速度与周期来压步距关系分析[J].煤矿开采,1999(1):3-5.

[163] 马海峰,朱修亮.综采工作面推进速度与前方煤体应力关系研究[J].煤炭工程,2010(7):65-67.

[164] 杨敬虎.工作面推进速度与矿山压力显现关系研究[J].煤炭与化工,2014,37(1):27-29.

[165] 杨胜利,王兆会,蒋威,等.高强度开采工作面煤岩灾变的推进速度效应分析[J].煤炭学报,2016,41(3):586-594.

[166] 梁东民,池小楼.工作面推进速度对顶板覆岩活动的影响[J].煤矿安全,

2018,49(9):276-279.

[167] 赵同彬,郭伟耀,韩飞,等.工作面回采速度影响下煤层顶板能量积聚释放分析[J].煤炭科学技术,2018,46(10):37-44.

[168] 茅献彪,缪协兴,钱鸣高.采高及复合关键层效应对采场来压步距的影响[J].湘潭矿业学院学报,1999,14(1):1-5.

[169] 张杰.采高对浅埋煤层老顶岩层破断距的影响[J].辽宁工程技术大学学报(自然科学版),2009,28(2):161-164.

[170] 曾泰.大采高浅埋煤层综采面矿压规律研究[J].煤炭工程,2013(2):46-48.

[171] 金向阳,刘金凯,华辉,等.同忻煤矿大采高综放开采矿压显现规律及支架适用性研究[J].煤矿开采,2016,21(4):147-149.

[172] 唐辉.近浅埋煤层大采高工作面矿压显现规律研究[J].煤矿安全,2017,48(7):49-51.

[173] 张立辉,李男男.8 m大采高综采工作面矿压显现规律研究[J].煤炭科学技术,2017,45(11):21-26,44.

[174] 张宏伟,周坤友,付兴,等.特大采高工作面矿压显现规律[J].辽宁工程技术大学学报(自然科学版),2018,37(1):1-6.

[175] 刘洋,吴桂义,孔德中,等.大采高工作面支架阻力确定及顶板运移规律的采厚效应分析[J].煤矿安全,2018,49(2):202-205.

[176] 王创业,纪洪广.大采高综采采场基本顶周期破断特征研究[J].煤矿安全,2019,50(5):226-230.

[177] 肖江,吴建军,邵亚武,等.8.5 m大采高工作面矿压显现规律相似模拟研究[J].煤炭科学技术,2019,47(3):106-111.

[178] 孔祥义,陈全秋,崔凯.松软厚煤层大采高工作面片帮危险区分类研究[J].煤炭工程,2019,51(7):67-71.

[179] 杨胜利,王兆会,吕华永.大采高采场周期来压顶板结构稳定性及动载效应分析[J].采矿与安全工程学报,2019,36(2):315-322.

[180] 王泳嘉,邢纪波.离散单元法及其在岩土力学中的应用[M].沈阳:东北工学院出版社,1991.

[181] 黄森林.浅埋煤层覆岩结构稳定性数值模拟研究[J].煤田地质与勘探,2007,35(3):25-28.

[182] 孙占国.大采高采场上覆岩层运移规律数值模拟[J].辽宁工程技术大学学报(自然科学版),2012,31(2):181-184.

[183] 吴锋锋.厚松散层特厚煤层综放开采巷道围岩变形机理及控制研究[D].徐州:中国矿业大学,2014.

[184] 陈刚.大采高采场围岩的矿压显现规律研究[D].北京:中国矿业大学(北京),2011.

[185] 李绍海,姜光.浅埋大采高工作面末采矿压显现规律及让压技术[J].煤炭科技,2014(1):91-93.

[186] 彭苏萍,孟召平,李玉林.断层对顶板稳定性影响相似模拟试验研究[J].煤田地质与勘探,2001,29(3):1-4.

[187] 勾攀峰,胡有光.断层附近回采巷道顶板岩层运动特征研究[J].采矿与安全工程学报,2006,23(3):285-288.

[188] 黄炳香,刘锋,王云祥,等.采场顶板尖灭隐伏逆断层区导水裂隙发育特征[J].采矿与安全工程学报,2010,27(3):377-381.

[189] 李志华,窦林名,陆振裕,等.采动诱发断层滑移失稳的研究[J].采矿与安全工程学报,2010,27(4):499-504.

[190] 王琦,李术才,李智,等.煤巷断层区顶板破断机制分析及支护对策研究[J].岩土力学,2012,33(10):3093-3102.

[191] 王涛.断层活化诱发煤岩冲击失稳的机理研究[D].北京:中国矿业大学(北京),2012.

[192] 吕进国,姜耀东,李守国,等.巨厚坚硬顶板条件下断层诱冲特征及机制[J].煤炭学报,2014,39(10):1961-1969.

[193] 张士川,郭惟嘉,孙文斌,等.深部开采隐伏构造扩展活化及突水试验研究[J].岩土力学,2015,36(11):3111-3120.

[194] 蒋金泉,武泉林,曲华.硬厚岩层下逆断层采动应力演化与断层活化特征[J].煤炭学报,2015,40(2):267-277.

[195] 张风达,申宝宏,康永华.考虑卸荷作用的底板突水破坏机制研究[J].岩土力学,2016,37(2):431-438.

[196] 师文豪,杨天鸿,刘洪磊,等.连续开挖诱导断层活化顶板突水机制的模拟分析[J].东北大学学报(自然科学版),2017,38(11):1623-1627.

[197] 张培森,颜伟,张文泉,等.含隐伏断层煤层回采诱发底板突水影响因素

研究[J].采矿与安全工程学报,2018,35(4):765-772.

[198] 张文忠.受采动影响底板隐伏断层滞后突水分析[J].矿业安全与环保,
2018,45(6):83-87.

[199] 王浩,左宇军,于美鲁,等.隐伏断层活化诱发石门揭煤突出的数值模拟
研究[J].矿业研究与开发,2019,39(6):126-131.

[200] 苗彦平.浅埋煤层大采高综采面矿压规律与支护阻力研究[D].西安:西
安科技大学,2010.

[201] 薛东杰,周宏伟,任伟光,等.浅埋煤层超大采高开采柱式崩塌模型及失
稳[J].煤炭学报,2015,40(4):760-765.

[202] 杨登峰,陈忠辉,张拥军,等.浅埋煤层顶板切落压架的断裂力学分析
[C]//何富连,马念杰,张守宝.矿山顶板灾害预警研究论文集.北京:冶
金工业出版社,2016.